Alle Anfragen und Mitteilungen sind zu richten an die Anschrift:
Sonnblick-Verein, Wien XIX, Hohe Warte 38.

Schrifttum des Sonnblick-Vereines

Dem Vereinsarchiv steht noch eine Anzahl von bisher erschienenen Jahresberichten zur Verfügung, die an Mitglieder und Interessenten abgegeben werden können. Preis auf Anfrage. Bekanntlich erschienen diese Jahresberichte seit der Gründung des Sonnblick-Vereines im Jahre 1892 jährlich und erlitten erst im Jahre 1938 die zeitbedingte Unterbrechung.

SPRINGER-VERLAG IN WIEN

Die Meteorologie des Sonnblicks
I. Teil
Beiträge zur Hochgebirgsmeteorologie
nach Ergebnissen einer 50jährigen Beobachtungsreihe am Sonnblickobservatorium, 3106 m

Von Prof. Dr. **Ferdinand Steinhauser**, Wien

Herausgegeben vom Sonnblick-Verein
Mit 25 Abbildungen und 117 Tabellen im Text, 25 Tabellen im Anhang. 180 Seiten. 4°. 1938
Steif geheftet S 60.—, DM 10.—, sfr. 10.—, $ 2.40

Der Band wird an Mitglieder des Vereines bei direktem Bezug zu einem Vorzugspreis abgegeben

Seit dem Bestand hat das Observatorium auf dem Sonnblick in bisher sonst nirgends erreichter Art eine Geschichte des meteorologischen Geschehens in der die 3000-m-Grenze überragenden Gipfelregion eines Hochgebirges geliefert. Diese ist in einer ungeheuren Zahlenmenge niedergelegt und enthält in seiner Bearbeitung das Wesentliche und Gesetzmäßige in übersichtlicher Form.

Aus dem Inhalt sei besonders auf die in ihrer Art erstmalige Darstellung der Feinstruktur des Klimas der Gipfelregion des Hochgebirges der Alpen hingewiesen, wie sie sich in den Jahresabläufen der verschiedenen meteorologischen Elemente einerseits und in den Häufigkeitsverteilungen der Einzelwerte andererseits zeigt. Ferner werden neben den Jahresgängen, Tagesgängen und der Veränderlichkeit der einzelnen meteorologischen Elemente auch ihre säkularen Änderungen, ihre Abweichungen von den Verhältnissen der freien Atmosphäre wie auch ihre gegenseitige Beeinflussung behandelt. So hat dieses Buch über eine meteorologische Monographie hinaus auch allgemein Bedeutung. Im Anhang sind in 25 Tabellen Monatswerte der einzelnen Jahre abgedruckt. Ein dem Buch beigegebenes Panorama gibt eine Vorstellung von der überragenden Lage des Observatoriums und zugleich auch einen schönen Überblick über das Gipfelmeer der Ostalpen.

Zu beziehen durch Ihre Buchhandlung

Der Gipfel der Jungfrau (4158 m, Berner Oberland), gesehen vom Meteorologischen Observatorium auf der Sphinx am 7. April 1956 (Photo H. Hoinkes).

51.–53. Jahresbericht

des

Sonnblick-Vereines

für die Jahre 1953–1955

Geleitet von Prof. Dr. F. Steinhauser

INHALT

Die säkularen Änderungen der Sonnenscheindauer in den Ostalpen, von Ferdinand Steinhauser. — Über die Schneeumlagerung durch den Wind, von Herfried Hoinkes. — Bericht über die Eisstände der Gletscher der Großglockner- und Sonnblickgruppe im Frühherbst 1954, 1955 und 1956, von Hanns Tollner. — Die Folgen des Rückganges österreichischer Gletscher auf die Wasserspeicherung hochalpiner Kraftwerksanlagen, von Hanns Tollner. — Schneepegelbeobachtungen im Sonnblickgebiet im Zeitraum 1927 bis 1956, von Maria Roller. — Über die meteorologischen Stationen der Hohen Kordillere Argentiniens, von Fritz Prohaska. — Ein Beitrag zur Flora des Raurisertales, von Wilhelm Arlt. — Sagen aus dem Raurisertal, von Sigmund Narholz. — Josef Lukesch †, Nachruf von Othmar Eckel. — Bericht über die Tätigkeit des Sonnblick-Vereines in den Jahren 1954–1956. — Vereinsnachrichten. — Ergebnisse der meteorologischen Beobachtungen auf dem Sonnblickgipfel in den Jahren 1953 bis 1956.

Mit einer ganzseitigen Bildtafel,
6 Abbildungen im Text und 8 Tabellen im Anhang

Springer-Verlag Wien GmbH
1957

Additional material to this book can be downloaded from http://extras.springer.com

Druck von Adolf Holzhausens Nfg., Wien

ISBN 978-3-211-80442-1   ISBN 978-3-7091-5760-2 (eBook)
DOI 10.1007/978-3-7091-5760-2

Die säkularen Änderungen der Sonnenscheindauer in den Ostalpen

(Beiträge zur Kenntnis der Klimaschwankungen I)

Von F. Steinhauser, Wien

Mit 4 Textabbildungen und Tabellen I—VII im Anhang

1. Die Bedeutung der säkularen Änderungen der Sonnenscheindauer

Die Hauptenergiequelle der Atmosphäre stellt die Sonnenstrahlung dar. Insbesondere für den Wärmehaushalt der Bodenoberfläche ist die Sonnenscheindauer von großer Bedeutung, wenn auch die direkte Sonnenstrahlung nicht die gesamte einkommende Strahlungsenergie ausmacht, sondern dazu auch noch die diffuse Himmelsstrahlung als indirekte Sonnenstrahlung dazuzurechnen ist. Die Himmelsstrahlung ist von der Größe der Bewölkung abhängig, und zwar derart, daß sie in der Niederung bei wolkenlosem und bei ganz bedecktem Himmel am kleinsten ist, bei etwa ³/₄ bedecktem Himmel aber einen etwa doppelt so großen Wert annimmt [1]. Im Winter beträgt die Himmelsstrahlung in der Tagessumme bei wolkenlosem oder bei bedecktem Himmel etwa ¹/₄ der direkten Sonnenstrahlung, im Sommer bei wolkenlosem Himmel etwa ¹/₆ und bei bedecktem Himmel ¹/₄ der direkten Sonnenstrahlung. Es sind daher in der Niederung die Schwankungen der Sonnenscheindauer bis zu einem gewissen Grade auch als Maß für die Schwankungen des Strahlungsgenusses anzusehen. Anders ist es in den Hochgebirgsregionen. Dort beträgt im Winter die Himmelsstrahlung an wolkenlosen Tagen nur etwa ¹/₈, an bedeckten Tagen aber ¹/₂ der direkten Sonnenstrahlung. Im Sommer sind aber die entsprechenden Anteile ¹/₁₃ an wolkenlosen Tagen und fast ²/₃ an bedeckten Tagen [2]. Es wird dort demnach schon ein sehr großer Anteil des Ausfalls an direkter Sonnenstrahlung bei Bewölkung durch die Himmelsstrahlung ersetzt und die Schwankungen der Sonnenscheindauer sind in der Hochgebirgsregion nicht mehr im gleichen Maß auch ein Ausdruck für die Schwankungen des dem Boden zukommenden Strahlungsgenusses. Dies muß bei der Beurteilung der Schwankungen der Sonnenscheindauer in verschiedenen Höhenlagen berücksichtigt werden. Das spielt z. B. auch eine Rolle zur Beurteilung des Einflusses der Sonnenscheindauer auf die Gletscherschwankungen [3].

Den Schwankungen der Sonnenscheindauer kommt aber in einem anderen Sinne auch in klimatologischer Hinsicht besondere Bedeutung zu. Hohe Sonnenscheindauer ist ein Ausdruck für überwiegend schönes Wetter und damit auch ein Maß für größeren Lichtgenuß, was auch von biologischer Bedeutung ist.

Schwankungen der Sonnenscheindauer werden durch Änderungen der Bewölkung verursacht. Diese können durch einen Wechsel in der Kondensationsbereitschaft der Atmosphäre oder auch durch Änderungen der allgemeinen Zirkulation verursacht werden. Auch dafür können uns daher Änderungen der Sonnenscheindauer Hinweise geben.

2. Das Beobachtungsmaterial und die Bearbeitungsmethode

Alle diese Zusammenhänge geben eine Begründung dafür, aus langjährigen Beobachtungsreihen Änderungen der Sonnenscheindauer abzuleiten, Ausmaß und Art dieser Schwankungen zu untersuchen und ihre Realität nachzuweisen. Dazu sind langjährige Beobachtungsreihen notwendig. Aus dem Bereich der Ostalpen besitzen wir solche

Reihen, die zum Teil mehr als 70 Jahre umfassen, aus Wien (seit 1881), Kremsmünster (seit 1884), Klagenfurt (seit 1884) und Innsbruck (seit 1906). Dazu kommen noch die Höhenstationen Sonnblick (seit 1887), Obir (seit 1884), Zugspitze (seit 1901) und Säntis (seit 1888).

Wie bei allen Untersuchungen langjähriger Änderungen klimatologischer Elemente ist auch bei den Beobachtungsreihen der Sonnenscheindauer der Frage der Homogenität Aufmerksamkeit zu schenken. Obwohl es sich hier um objektive Registrierungen handelt und das Prinzip der Glaskugelregistrierung die ganze Zeit hindurch gleich geblieben ist, besteht doch die Möglichkeit systematischer Änderungen, die in der Art der Auswertung oder auch in Änderungen der verwendeten Glassorten begründet sein könnten. So groß kann aber der daraus resultierende mögliche Fehler nicht sein, daß dadurch die säkularen Änderungen der Sonnenscheindauer ihrem Sinne nach und dem Ausmaß nach wesentlich verfälscht würden.

Eine Stütze für die Gleichartigkeit der Aufzeichnungen und damit für die Realität der den Beobachtungen zu entnehmenden Schwankungen der Sonnenscheindauer bietet auch der ziemlich parallele Verlauf der beiden Reihen der Stationen Wien und Kremsmünster, an welchen Orten die Bedienung der Instrumente mit gleicher Sorgfalt vorgenommen wurde und auch die Aufstellungsorte der Registrierinstrumente im wesentlichen ungeändert geblieben sind. Beide Stationen liegen nördlich der Alpen und gehören dem gleichen Klimagebiet an. Bei Vergleichen mit Stationen südlich der Alpen oder im Alpengebiet selbst wird man einen derartigen Gleichlauf der Beobachtungsreihen natürlich nicht erwarten müssen, weil ja der Alpenkamm als Klimascheide in verschiedenen Zeitabschnitten den Schwankungen der allgemeinen Zirkulation entsprechend verschiedenartig sich auswirken kann.

Im allgemeinen wird man die Aufzeichnungen der Sonnenscheinautographen als reelles Maß für den Ablauf der Witterung in den letzten 70 Jahren in den Ostalpen ansehen können. Die Änderung der Sonnenscheindauer von Jahr zu Jahr ist entsprechend der großen Veränderlichkeit der Witterung in unserem Klimagebiet sehr beträchtlich. Es ist daher auch die Folge der Jahressummen der Sonnenscheindauer sehr verwirrend. Wenn man eine Übersicht über Tendenzen in den Witterungsänderungen über längere Zeiträume hin gewinnen will, ist eine Glättung der Reihe notwendig. Um die reellen Änderungen aber nicht allzusehr zu verwischen, ist es zweckmäßig, sich auf eine Glättung durch übergreifende fünfjährige Mittelwerte zu beschränken. Diese so geglätteten Reihen sollen der nachfolgenden Diskussion der Schwankungen der Sonnenscheindauer zugrunde gelegt werden.

3. Säkulare Änderungen der Jahressummen der Sonnenscheindauer

Einen Überblick über die ganzen Reihen der Stationen der Niederung gibt nach fünfjährig übergreifenden Mittelwerten ausgeglichen die Abb. 1. Wie erwähnt, zeigen die im nördlichen Alpenvorland gelegenen Stationen Wien und Kremsmünster eine verhältnismäßig gute Parallelität im Verlauf ihrer Änderungen. Im 50jährigen Durchschnitt hat allerdings Kremsmünster eine um 118 Stunden kleinere Jahressumme von Sonnenschein als Wien, was wohl darauf zurückzuführen ist, daß Kremsmünster schon mehr dem ozeanischen Einfluß ausgesetzt ist als Wien. Nach großen Änderungstendenzen betrachtet, kann man sagen, daß an beiden Stationen die Jahressummen der Sonnenscheindauer von einem Maximum im Lustrum 1892[1]) bis zum Minimum der gesamten

---

[1]) Im folgenden werden die Lustren immer mit der Jahreszahl bezeichnet, die der Mitte des Lustrums entspricht; demnach bedeutet 1892 das Lustrum 1890 bis 1894.

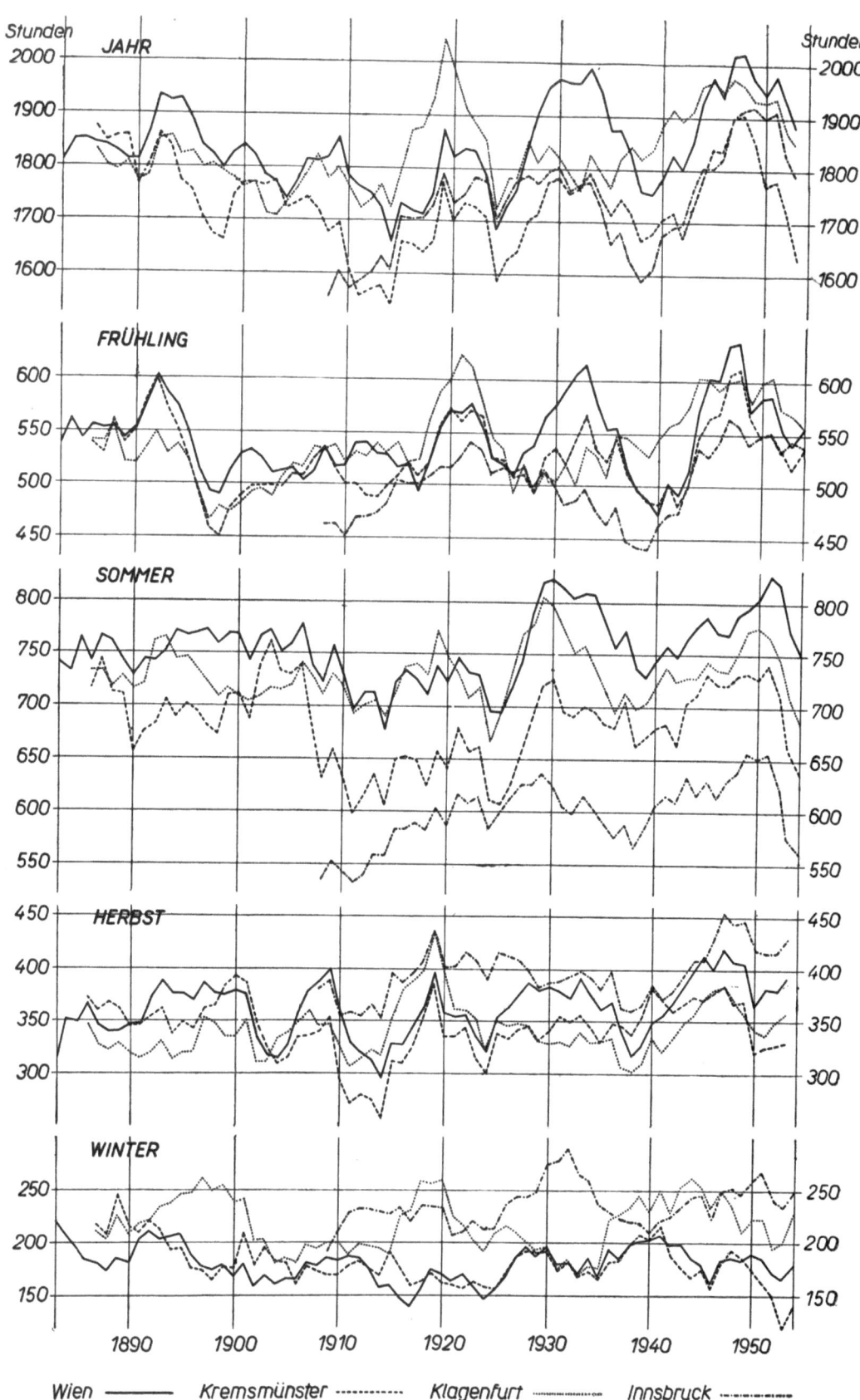

Abb. 1. Säkulare Schwankungen der Jahressummen und Jahreszeitensummen der Sonnenscheinstunden in Wien, Kremsmünster, Innsbruck und Klagenfurt nach fünfjährig übergreifenden Mittelwerten.

Reihe im Lustrum 1914 unter Schwankungen im allgemeinen abgenommen hat (in Wien um 273 Stunden, in Kremsmünster um 325 Stunden) und seither bis zum Maximum der ganzen Beobachtungsreihe im Lustrum 1948 ebenfalls unter beträchtlichen Schwankungen (in Wien um 357 Stunden, in Kremsmünster um 366 Stunden) wieder angestiegen ist. Besonders im letzteren Zeitabschnitt zunehmender Sonnenscheindauer sind die Schwankungen sehr groß, und es erfolgte diese Zunahme in drei Rhythmen mit Maxima in den Lustren 1919 (Wien 1869 Stunden, Kremsmünster 1771 Stunden), 1933 (Wien 1990 Stunden, Kremsmünster 1792 Stunden) und 1948 (Wien 2019 Stunden, Kremsmünster 1904 Stunden) und Minima in den Lustren 1914 (Wien 1662 Stunden, Kremsmünster 1538 Stunden), 1924 (Wien 1683 Stunden, Kremsmünster 1587 Stunden) und 1939 bzw. 1938 (Wien 1751 Stunden, Kremsmünster 1668 Stunden). Die zeitlichen Abstände der Maxima betrugen 14 und 15 Jahre, die der Minima 10 und 15 bzw. 14 Jahre. Die Rhythmuslänge weicht demnach von den Sonnenfleckenrhythmen beträchtlich ab und es darf daher kein Zusammenhang mit den Sonnenflecken angenommen werden. Wenn man die Jahresmittel der Sonnenfleckenrelativzahlen in gleicher Weise, wie es bei den Jahressummen der Sonnenscheindauer geschehen ist, durch fünfjährig übergreifende Mittel glättet, findet man Maxima in den Lustren 1883 (293,4), 1894 (341,7), 1907 (271,7), 1917 (352,6), 1927 (320,0), 1938 (460,3) und Minima in den Lustren 1888 (58,7), 1901 (50,1), 1912 (38,9), 1924 (84,9), 1932 (82,4), 1943 (137,2). Die zeitlichen Abstände der Maxima der geglätteten Sonnenfleckenkurve betragen 10 bis 13 Jahre, die der Minima 8 bis 13 Jahre.

Abgesehen von dem ersten Jahrzehnt der Beobachtungsreihe von Innsbruck, weist auch die dortige Reihe der Jahressummen der Sonnenscheindauer, die erst 1906 beginnt, in ihren Schwankungen eine gewisse Ähnlichkeit mit der Reihe von Kremsmünster auf. Es zeigen sich aber doch auch gewisse Abweichungen, die nicht ohne weiteres verständlich sind, vielleicht aber damit zusammenhängen, daß Innsbruck weiter westlich und im inneren Nordalpenteil liegt. Besonders fällt auf, daß in den Lustren 1933 bis 1941 die fünfjährigen Mittelwerte von Innsbruck kleiner sind als die von Kremsmünster, während es in den übrigen Zeiten meist umgekehrt ist. Besonders groß waren die Abweichungen in den Lustrenmitteln von 1935 bis 1941, die in Innsbruck um 60 bis 80 Stunden kleiner waren als in Kremsmünster, während sie im Abschnitt 1922 bis 1928 in Innsbruck um 60 bis 120 Stunden größer waren als in Kremsmünster. Dadurch wird das Minimum um 1924 in Innsbruck nur sehr schwach und fast bedeutungslos, das Minimum um 1938 aber sehr ausgeprägt, was zur Folge hat, daß die Zunahme der Sonnenscheindauer in Innsbruck in den letzten 1½ Jahrzehnten besonders groß erscheint. Es betrug in den fünfjährigen Mittelwerten der Rückgang der jährlichen Sonnenscheindauer in Innsbruck vom Maximum von 1804 Stunden im Lustrum 1930 zum Minimum von 1587 Stunden im Lustrum 1938 217 Stunden und hernach der Anstieg zum Hauptmaximum von 1919 Stunden im Lustrum 1949 332 Stunden. Am Beginn der Beobachtungsreihe ist ein Anstieg der fünfjährigen Mittelwerte um 233 Stunden von 1555 Stunden im Lustrum 1908 auf 1788 Stunden im Lustrum 1919 zu verzeichnen, wobei allerdings bemerkt werden muß, daß am Beginn der Reihe der Zunahme der Sonnenscheindauer in Innsbruck eine gleichzeitige Abnahme der Sonnenscheindauer in Kremsmünster und Wien gegenübersteht, während in dieser Zeit aber auch auf dem Sonnblick ähnlich wie in Innsbruck die Sonnenscheindauer zugenommen hat. Es scheint demnach in der Zeit vor 1913 die Änderung der Sonnenscheindauer im westlichen Österreich im entgegengesetzten Sinn erfolgt zu sein wie im östlichen Österreich. Auffallend hoch im Verhältnis zu Kremsmünster sind die fünfjährigen Mittelwerte der Sonnenscheindauer in Innsbruck auch in den letzten drei übergreifenden Lustrenmitteln. Die Unterschiede gegenüber Kremsmünster betragen in dieser Zeit 70—130 Stunden.

Zur Beurteilung der langjährigen Änderungen der Sonnenscheindauer in den Südalpen steht eine lange Beobachtungsreihe von Klagenfurt zur Verfügung, die bis zum Jahre 1884 zurückreicht. Eine Unterbrechung von 1918 bis 1921 mußte mit Hilfe von Bewölkungsbeobachtungen [4] und von Sonnenscheinregistrierungen auf dem Obir rekonstruiert werden. Dies ist bei Beurteilung der Zuverlässigkeit der Reihe zu beachten. Auch in Klagenfurt ändert sich die Sonnenscheindauer vom Beginn der Beobachtungsreihe bis zum Lustrum 1912 ganz gleichartig wie in Wien; die Jahressummen bleiben aber durchschnittlich um 42 Stunden unter dem Wert von Wien. Von dem Höchstwert von 1860 Stunden im Lustrum 1893 nimmt die Sonnenscheindauer bis zum Tiefstwert von 1704 Stunden im Lustrum 1906 um 156 Stunden ab. Nach einem vorübergehenden Anstieg auf ein relatives Maximum im Lustrum 1907 und nachfolgendem Rückgang erfolgt dann eine sehr starke Zunahme von 1713 Stunden im Lustrum 1914 auf 2200 Stunden im Lustrum 1919 um 387 Stunden mit einem darauffolgenden gleich starken Abfall zum Lustrum 1924. Dieses Maximum ist auch an den übrigen Stationen sehr deutlich ausgeprägt, bleibt dort aber dem Werte nach beträchtlich hinter dem Wert von Klagenfurt zurück. Da auch das Maximum von Wien noch relativ sehr hoch ist, scheint es sich in dieser Zeit um eine stärkere Ausbildung kontinentaler Witterung durch stärkere Nordwärtsverlagerung des Subtropenhochs zu handeln. Dadurch würde auch verständlich, daß in dieser Periode die Lustrenmittel von Klagenfurt im Gegensatz zur vorhergehenden Zeit um 20 bis 86 Stunden größer sind als in Wien. Wie erwähnt, mußten allerdings die Klagenfurter Werte gerade zur Zeit dieses Maximums durch Reduktion berechnet werden, wodurch ihnen ein gewisser Grad von Unsicherheit anhaftet. Der Vergleich der Bewölkungsbeobachtungen von Klagenfurt und Obir zeigt aber einen bemerkenswerten Gleichlauf der Änderungen an beiden Stationen, und auch die Summe von Bewölkung und prozentueller Sonnenscheindauer an beiden Stationen weisen in ihrer zeitlichen Folge keine auffallenden Unterschiede auf, woraus mit großer Wahrscheinlichkeit auf eine Realität der interpolierten Sonnenscheinwerte von Klagenfurt geschlossen werden darf. Nach dem allen Stationen gemeinsamen Minimum im Lustrum 1924 erfolgt ein rascher Anstieg, der in Klagenfurt wie in Innsbruck nur bis zum Lustrum 1927 andauert. Von da an bleibt besonders Klagenfurt stark gegenüber dem weiteren Anstieg in Kremsmünster und besonders in Wien zurück. Gegenüber Wien sind die Lustrenmittel von Klagenfurt bis 1935 sogar um 50 bis 100 Stunden kleiner. Von diesem Zeitpunkt an beginnt in Klagenfurt ein Anstieg, während an den übrigen Stationen noch vier weitere Lustrenmittel eine Abnahme zeigen. Der Anstieg dauert bis 1945 an, und in der Zeit von 1938 bis 1944 übertreffen die Lustrenmittel von Klagenfurt wieder um 20 bis 45 Stunden die entsprechenden Werte von Wien. Seit 1947 sind die Lustrenmittel von Klagenfurt wieder um 20 bis 30 Stunden kleiner als die von Wien und zeigen von da an wieder eine dem Gang von Wien ähnliche abnehmende Tendenz.

Nach den vorstehenden Feststellungen weichen die säkularen Schwankungen der Sonnenscheindauer in den Südalpen von den Schwankungen im Nordalpen- und Zentralalpengebiet zeitweise recht beträchtlich ab, was darauf hinweist, daß der Alpenkamm sich auch in den säkularen Änderungen als Klimascheide auswirkt.

Zur Beurteilung der säkularen Änderungen der Sonnenscheindauer im Hochgebirge stehen in den Ostalpen vier Bergstationen mit langen Beobachtungsreihen zur Verfügung. Es sind dies am Alpennordrand der Säntis (2500 m) seit 1888 und die Zugspitze (2965 m) seit 1901, am Alpenhauptkamm der Sonnblick (3106 m) seit 1888 und in den Südalpen der Obir (2044 m) von 1884 bis 1943. Die Reihe des Obir kann mit Hilfe der ebenfalls in den Südalpen gelegenen Villacheralpe (2157 m), wie Parallelregistrierungen zeigen, mit guter Näherung im weiteren Verlauf ihrer säkularen Änderungen ergänzt werden. Wie die ebenfalls nach übergreifenden fünfjährigen Mittelwerten in Abb. 2 wiedergegebenen säkularen Gänge der Sonnenscheindauer auf den Bergstationen zeigen, finden sich darin im Vergleich zu den Stationen der Niederung viele Ähnlichkeiten, aber in gewissen Zeitabschnitten auch bemerkenswerte Abweichungen; auch im Vergleich miteinander zeigen die Bergstationen zeitweise auffallende Abweichungen.

Einen bemerkenswert ähnlichen Verlauf weisen Sonnblick und Obir seit 1913 auf. Früher ist der Verlauf wohl auch ähnlich, aber zwischen 1894 und 1913 ist der Unterschied in den Lustrenmitteln mit 200 bis 215 Stunden ungefähr doppelt so groß wie in der Reihe nach 1913. Dabei hat der Obir durchweg längere Sonnenscheindauer als der Sonnblick, was verständlich ist, weil der Obir südlicher liegt und um 1000 m niedriger ist als der Sonnblick. Vom Beginn der Beobachtungsreihe ist beiden Stationen ein Anstieg bis zum ersten Maximum im Lustrum 1892 (Obir 1791, Sonnblick 1643 Stunden) gemeinsam. Hernach folgt auf dem Sonnblick ein rascher Abfall um 230 Stunden bis zu einem Minimum von 1413 Stunden im Lustrum 1908, während auf dem Obir der Abfall langsamer vor sich geht und mit einer Abnahme um 190 Stunden bis zum Minimum von 1601 Stunden im Lustrum 1917 länger andauert. Auf dem Sonnblick steigt die Kurve der übergreifenden fünfjährigen Mittel der Jahressummen der Sonnenscheindauer von dem Minimum um 1908 um 246 Stunden rasch zu einem Maximum von 1659 Stunden im Lustrum 1922 an, während auf dem Obir der Anstieg um 200 Stunden nur vom Lustrum 1917 bis zum Lustrum 1923 andauert, wo ein Höchstwert des Lustrums von 1801 Stunden erreicht wird. Im weiteren gleichmäßigen Verlauf der Kurven beider Stationen folgt ein rascher Abfall zu einem Minimum im Lustrum 1924 (um 111 Stunden auf 1690 Stunden auf dem Obir und um 134 Stunden auf 1525 Stunden auf dem Sonnblick), dann wieder ein Anstieg auf ein Maximum im Lustrum 1930 (um 103 Stunden auf 1793 Stunden auf dem Obir und um 212 Stunden auf 1737 Stunden auf dem Sonnblick). Nach einem Abfall um 242 Stunden auf ein Minimum von 1495 Stunden im Lustrum 1938 auf dem Sonnblick und um 171 Stunden auf 1622 Stunden auf dem Obir folgt ein kräftiger rascher Anstieg um 290 Stunden auf ein Maximum von 1785 Stunden im Lustrum 1944 auf dem Sonnblick und um 306 Stunden auf 1928 Stunden auf dem Obir. Seither haben die Jahressummen der Sonnenscheindauer im allgemeinen wieder abgenommen, und zwar bis zum Lustrum 1951 auf dem Sonnblick um 105 Stunden und auf dem Obir um 216 Stunden.

Der Reihe des Sonnblicks gegenüber zeigt die Reihe der Zugspitze zeitweise sehr beträchtliche Abweichungen. Während die Zunahme der Sonnenscheindauer bis zum Lustrum 1922 (auf dem Sonnblick um 246 Stunden auf 1659 Stunden und auf der Zugspitze um 418 Stunden auf 1845 Stunden) auf beiden Stationen, abgesehen von den ersten Jahren der Zugspitz-Reihe, der Form nach in sehr ähnlicher Weise erfolgt und auch noch weiter bis zum Lustrum 1928 beide Kurven parallel verlaufen, treten in der Folgezeit sehr starke Abweichungen auf. Nach einem an beiden Stationen fast gleich großen Abfall (um 134 Stunden auf dem Sonnblick, 146 Stunden auf der Zugspitze) zum Lustrum 1924 steht einem Anstieg um 212 Stunden auf ein Maximum von 1737 Stunden im Lustrum 1930 auf dem Sonnblick ein viel größerer Anstieg um 381 Stunden auf den unwahrscheinlich hohen Wert von 2080 Stunden auf der Zugspitze gegenüber. Während dann auf dem Sonnblick eine rasche Abnahme der Sonnenscheindauer einsetzt, nimmt die Sonnenscheindauer auf der Zugspitze bis zum Lustrum 1933 noch ein wenig weiter

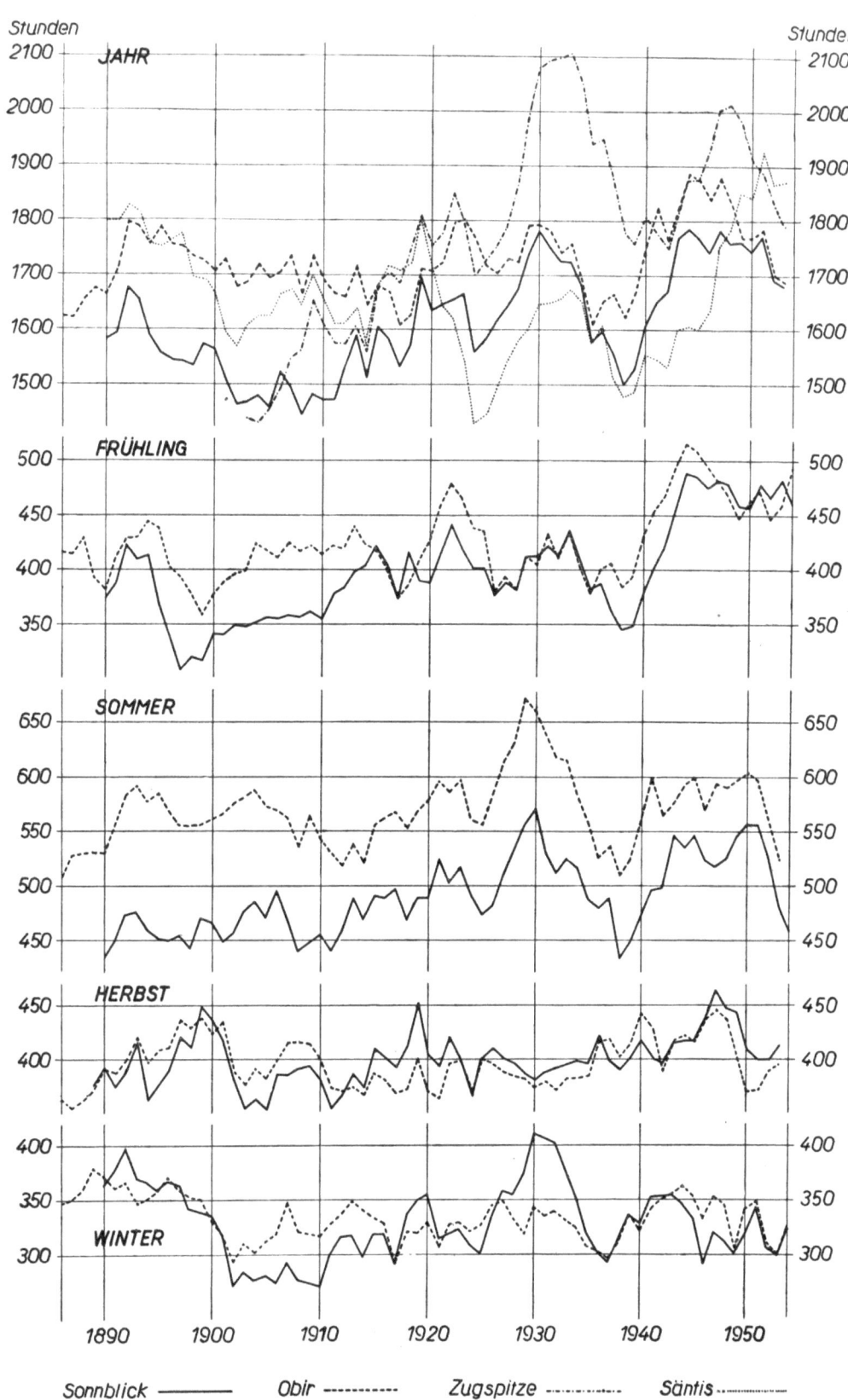

Abb. 2. Säkulare Schwankungen der Jahressummen der Sonnenscheinstunden auf dem Sonnblick (3106 m), auf der Zugspitze (2965 m), auf dem Säntis (2500 m) und auf dem Obir (2044 m) und der Jahreszeitensummen der Sonnenscheinstunden auf dem Sonnblick und auf dem Obir nach fünfjährig übergreifenden Mittelwerten.

zu und erst dann setzt auch auf der Zugspitze ein sehr rascher Abfall ein, und zwar um 347 Stunden auf ein Minimum von 1759 Stunden im Lustrum 1939 gegenüber dem Minimum von 1495 Stunden im Lustrum 1938 auf dem Sonnblick. In diesem Zeitabschnitt sind die Lustrenmittel der Zugspitze um durchschnittlich 350 Stunden höher als die des Sonnblicks, während vorher der Unterschied beider Stationen nur ungefähr halb so groß war. Auch der nachfolgende rasche Anstieg setzt auf der Zugspitze um vier Jahre später ein als auf dem Sonnblick, und das Maximum von 2015 Stunden tritt auf der Zugspitze erst im Lustrum 1948 ein, während das Maximum von nur 1785 Stunden auf dem Sonnblick schon im Lustrum 1944 erreicht wurde und sich dort die Sonnenscheindauer bis zum Lustrum 1951 nicht viel änderte. In den letzten Jahren haben die Jahressummen der Sonnenscheindauer auf dem Sonnblick nur um 105 Stunden abgenommen, während auf der Zugspitze seit dem letzten Maximum eine beträchtliche, aber gleichmäßige Abnahme um 225 Stunden erfolgt ist.

Sehr auffallend und schwer erklärlich ist das überaus hohe Maximum auf der Zugspitze in den Lustren 1930 bis 1933 und auch das ebenfalls sehr hohe Maximum um 1948. Da die Zugspitze bedeutend weiter westlich liegt als der Sonnblick, könnte man daran denken, daß eine Ursache für dieses abweichende Verhalten vielleicht in Verlagerungen des Großwetters in ostwestlicher Richtung oder umgekehrt zu suchen wäre. Im vorliegenden Fall könnte vielleicht an säkulare Vorstöße des Azorenhochs gedacht werden, die sich ja gerade in höheren Lagen am meisten auswirken müßten. Derartige Annahmen würden zur Folge haben, daß in noch weiter westlich gelegenen Hochstationen ähnliche oder sogar verstärkte Änderungen zu erwarten wären. Die Richtigkeit dieser Vermutungen kann mit Hilfe der Beobachtungsreihe des Säntis geprüft werden. Der Vergleich der Kurven in Abb. 2 zeigt nun, daß der Verlauf der Kurven der Zugspitze und des Säntis in dem fraglichen Zeitabschnitt wohl sehr ähnlich ist, daß aber die Sonnenscheindauer auf dem Säntis zur Zeit des Maximums um 1933 bedeutend niedriger ist als auf der Zugspitze. Das Minimum im Lustrum 1924 betrug auf der Zugspitze 1699 und auf dem Säntis nur 1430 Stunden, das Maximum um 1933 aber auf der Zugspitze 2106 und auf dem Säntis nur 1675 Stunden. Der Abfall zum darauffolgenden Minimum im Lustrum 1939 ist in der Form an beiden Stationen wieder sehr ähnlich, dem Betrag nach aber auf der Zugspitze mit 347 Stunden fast doppelt so groß wie auf dem Säntis mit 197 Stunden. Die überaus hohe Sonnenscheindauer auf der Zugspitze in dieser Zeit findet auch durch die nächstgelegene Talstation Innsbruck keine Erklärung, wie Abb. 1 zeigt. Das Maximum ist dort nicht besonders stark entwickelt; der Abfall zum nachfolgenden Minimum ist in Innsbruck der Form und dem Betrag nach ähnlich dem Verhalten auf dem Säntis. Merkwürdig ist dagegen, daß von den übrigen Talstationen gerade Wien, also die am weitesten im Osten gelegene Station, ebenfalls überaus hohe Werte der Sonnenscheindauer in den Lustren 1930 bis 1933 aufweist.

Eine weitere Besonderheit im Vergleich der säkularen Änderungen der Sonnenscheindauer auf den Hochgebirgsstationen zeigt sich im Verlauf der letzten Welle. Auf dem Obir und auf dem Sonnblick beginnt der Anstieg im Lustrum 1938 und erreicht das Maximum bereits im Lustrum 1943; auf den weiter westlich gelegenen Stationen Zugspitze und Säntis folgt im Lustrum 1942 nochmals ein kurzer Rückschlag und darauf setzt ein schärfer Anstieg, der auf der Zugspitze sein Maximum mit 2015 Stunden im Lustrum 1948 und auf dem Säntis mit 1923 Stunden erst im Lustrum 1951 erreicht. Es hat sich demnach die Eintrittszeit des letzten Maximums von Osten gegen Westen hin beträchtlich verschoben, und zwar vom Sonnblick bis zum Säntis um sieben Jahre. Dabei war die Zunahme der Sonnenscheindauer in den Lustrenmitteln auf dem Säntis ungefähr doppelt so groß wie auf den anderen Stationen. Diese Unterschiede sind sehr auffallend, aber schwer zu erklären. Der Form nach besteht im Verlauf der Sonnenscheinkurven der letzten beiden Jahrzehnte auch wieder die größte Ähnlichkeit zwischen Zugspitze und Wien.

Beim Vergleich der säkularen Änderungen der Sonnenscheindauer an den Bergstationen sind noch weitere auffallende Änderungen festzustellen, die die Beträge der Sonnenscheindauer auf dem Säntis im Verhältnis zu den anderen Hochgebirgsstationen und besonders im Verhältnis zur ihm am nächsten gelegenen Zugspitze betreffen. Während die Unterschiede der Lustrenmittel zwischen Säntis und Zugspitze in der Zeit von 1909 bis 1920 nur sehr klein waren, nahmen diese Unterschiede in den folgenden Jahren sprunghaft zu und lagen in den Lustren zwischen 1922 und 1948 zwischen 200 und über 500 Stunden; erst in den letzten sechs Jahren wurden sie wieder kleiner und nach 1950 sind die Lustrenmittel auf dem Säntis sogar etwas größer als die der Zugspitze. Auch vor 1909 hatte der Säntis in den Lustrenmitteln um 100 bis 200 Stunden mehr Sonnenschein als die Zugspitze.

Auch im Vergleich zwischen Säntis und Sonnblick sind auffallende Änderungen in den Beobachtungsreihen festzustellen. Während die Kurven in Abb. 2 vom Beginn der Reihe bis zum Lustrum 1919 im allgemeinen auf beiden Bergstationen ähnlich verlaufen und der Säntis im Durchschnitt um 100 bis 200 Stunden mehr Sonnenschein hatte als der Sonnblick, ändert sich ab 1920 dieses Verhältnis sprunghaft. Während darnach bis 1940 der Kurvenverlauf an beiden Stationen auch weiterhin ähnlich blieb, waren aber in einem großen Teil dieses Zeitabschnittes die Sonnenscheinstundensummen auf dem Säntis sogar niedriger als auf dem Sonnblick. Auf die Unterschiede der letzten Jahrzehnte wurde bereits oben hingewiesen. Es scheint demnach, daß auf dem Säntis in der Zeit um 1920 eine Änderung eingetreten ist, die nicht die Sonnenscheinverhältnisse selbst betrifft, sondern das Beobachtungssystem. Auch das Maximum von 1951 auf dem Säntis scheint nicht reell zu sein, da es weder an den weiter östlich gelegenen Stationen noch an den Schweizer Stationen Weißfluhjoch und Davos eine Parallele findet. Es muß daher festgehalten werden, daß in der Säntis-Reihe mehrere Inhomogenitäten vorkommen. Auch die Zugspitz-Reihe scheint zumindest am Beginn und im vierten Jahrzehnt dieses Jahrhunderts nicht reell zu sein.

Aus diesen vergleichenden Betrachtungen ist festzustellen, daß die säkularen Änderungen der Sonnenscheindauer selbst in einem verhältnismäßig so kleinen Gebiet, wie es das der Ostalpen ist, keineswegs überall gleichartig erfolgen und daß sich bemerkenswerte Unterschiede zwischen Nord- und Südalpen und zwischen Ost und West, aber auch zwischen Hochgebirge und Niederung zeigen. Die Erklärung aller dieser Unterschiede in den einzelnen Details ist nicht leicht. Trotz der objektiven Registrierungen können auch Beobachtungsfehler vorkommen, die ihre Ursache in einer ungleich sorgfältigen Betreuung der Instrumente, im Wechsel der Instrumente und vor allem in Änderungen der Glassorte und in den damit verbundenen Empfindlichkeitsänderungen und auch in vielleicht unbekannt gebliebenen Aufstellungsänderungen haben können. Es ist daher eine strenge Kritik notwendig, wenn man aus den Änderungen der Aufzeichnungen der Sonnenscheinautographen auf Klimaänderungen und besonders auf ihre Auswirkungen, z. B. auf die Gletscherschwankungen, Schlüsse ziehen will. Trotz dieser verschiedenen Abweichungen der einzelnen Stationen untereinander sind aber auch unzweifelhaft als reell anzusehende und das Gebiet mehr oder minder stark betreffende säkulare Schwankungen festzustellen. An den meisten Stationen hat die Sonnenscheindauer vom Beginn der Beobachtungen im neunten Jahrzehnt des vorigen Jahrhunderts bis zum Beginn oder zur Mitte des zweiten Jahrzehnts dieses Jahrhunderts unter gewissen Schwankungen abgenommen. Darauf folgte ein rascher Anstieg zu einem Maximum im Lustrum 1919, der aber durch einen ebenso raschen Abfall zu einem Minimum im Lustrum 1924 abgelöst worden ist. Ein zweites sehr markantes Maximum fällt auf die Lustren von 1930 bis 1933 und darauf ein ebenso markantes Minimum auf das Lustrum 1938. Ein letztes ebenfalls

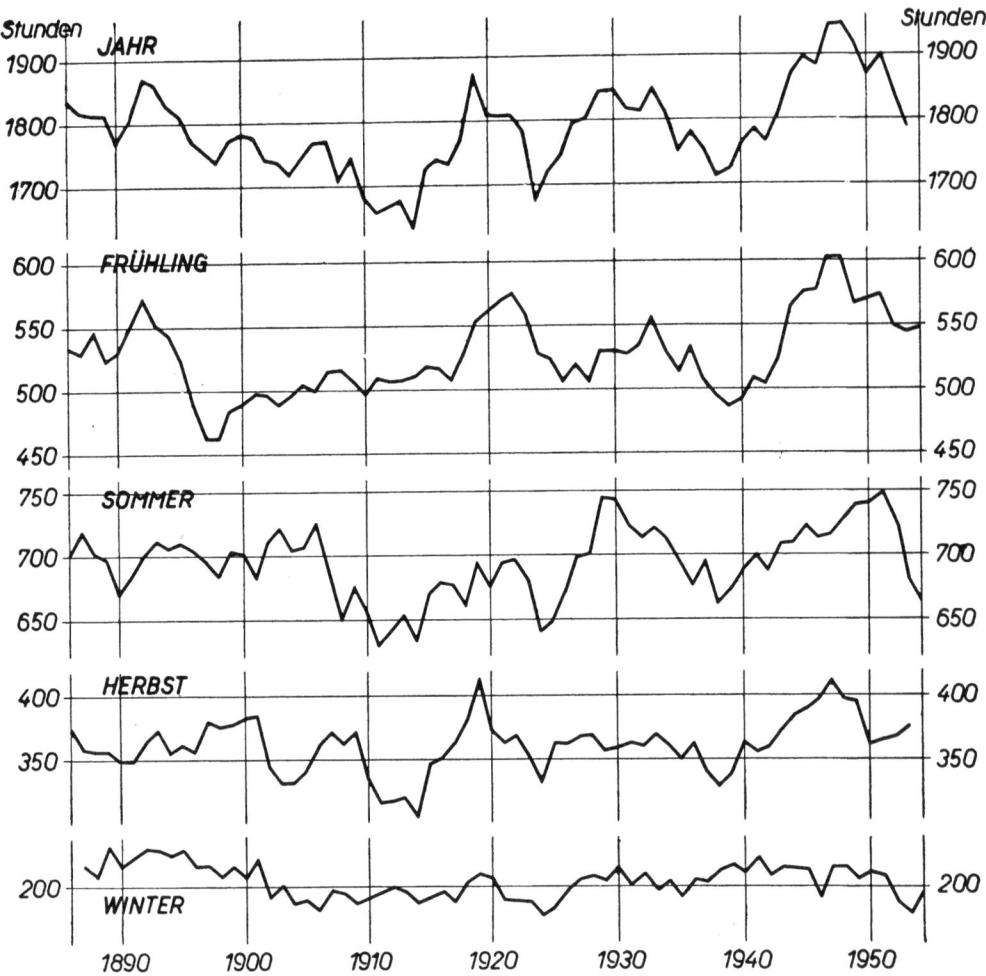

Abb. 3. Säkulare Schwankungen der Jahres- und Jahreszeitensummen der Sonnenscheinstunden im Mittel der Stationen Wien, Kremsmünster, Innsbruck und Klagenfurt nach fünfjährig übergreifenden Mittelwerten.

sehr hervorragendes Maximum wurde in den Lustren 1947 und 1948 erreicht, und seither nimmt die Sonnenscheindauer im allgemeinen wieder ab. Im Durchschnitt der vier Stationen der Niederung ist das letzte Maximum das größte, wie Abb. 3 zeigt. Die aus der Betrachtung der säkularen Änderungen der Jahressummen abgeleiteten auffallenden Erscheinungen werden eine genauere Analyse durch die Betrachtung der säkularen Änderungen in den einzelnen Jahreszeiten erfahren können.

4. Säkulare Änderungen der Sonnenscheindauer in den einzelnen Jahreszeiten

Einen anschaulichen Vergleich der säkularen Änderungen der Sonnenscheindauer in den einzelnen Jahreszeiten mit den säkularen Änderungen der Jahressummen gibt nach fünfjährig übergreifenden Mittelwerten ausgeglichen die Abb. 3, in der die Durchschnittswerte der vier Stationen der Niederung Wien, Kremsmünster, Innsbruck und Klagenfurt dargestellt sind. Daraus ist ersichtlich, daß im Frühling die Änderungen vor dem Lustrum 1900 und nach 1933 ähnlich vor sich gingen wie bei den Jahressummen. Insbesondere fallen in beiden Reihen die Maxima von 1892 und 1947/48 und die Minima von 1898 und 1938/39 zusammen. Dazwischen zeigen sich mehr oder minder große Abweichungen. Während die Kurve der Jahressummen von 1900 bis 1914 abnimmt, steigt die Kurve der Frühjahrssummen im gleichen Zeitabschnitt an. Das Maximum, das in der Kurve der Jahressumme 1919 deutlich auftritt, kommt auch im Frühling vor, erreicht dort aber den höchsten Wert erst 1922. Das im Verlaufe der Jahressummen sehr markante und breite Maximum von 1929 bis 1934 ist im Frühling sehr verkümmert.

Im Vergleich der säkularen Änderungen der Sonnenscheindauer der einzelnen Stationen im Frühling fällt wieder der Gleichlauf der Kurven von Wien und Kremsmünster besonders auf (Abb. 1). Das Maximum von 1892 ist in Klagenfurt bemerkenswert niedrig, das um 1921 dagegen merklich höher als an den anderen Stationen. Das Maximum von 1933 ist am stärksten in Wien entwickelt und wird gegen Westen und gegen Süden hin kleiner. In Innsbruck fehlt es überhaupt. Dort nimmt die Sonnenscheindauer im Frühling von 1922 bis 1933 allmählich ab. In Innsbruck ist auch zu Beginn der Beobachtungsreihe um 1910 die Sonnenscheindauer im Frühling wesentlich niedriger als an den anderen Stationen der Niederung. Das Minimum von 1939 bis 1940 ist in Klagenfurt nur sehr schwach angedeutet; dort steigt die Sonnenscheindauer des Frühlings von 1928 bis zum Lustrum 1944 unter kleineren Schwankungen allmählich an.

Im Sommer ähnelt die Kurve, die den Verlauf der säkularen Änderungen der Sonnenscheindauer im Mittel der vier Stationen der Niederung darstellt (Abb. 3), bedeutend weniger als die Frühjahrskurve der Kurve der durchschnittlichen Änderungen der Jahressummen der Sonnenscheindauer. Trotz der längeren möglichen Sonnenscheindauer im Sommer ist in dieser Jahreszeit die Schwankungsweite der säkularen Änderungen sogar etwas kleiner als im Frühling. Einige Extreme des säkularen Ganges der Jahressummen finden sich auch im säkularen Gang der sommerlichen Sonnenscheindauer. Im allgemeinen sind es aber andere Extreme als die der Frühjahrskurve. Nur das Minimum in den Lustren 1938 und 1939 ist in beiden Jahreszeiten gleich. In der Sommerkurve fallen sonst noch die Minima in den Lustren 1911 bis 1914 und im Lustrum 1924 sowie das Maximum in den Lustren 1929 und 1930 mit Extremen der Kurve der Jahressummen zusammen. Im Sommer tritt noch ein Maximum im Lustrum 1951 auf, das in der Jahreskurve noch einen Rückschlag in der allgemeinen Abnahme der Lustrenmittel der letzten Jahre verursacht.

Im Verlauf der säkularen Änderungen der Sonnenscheindauer im Sommer in den einzelnen Stationen ist wieder die große Ähnlichkeit zwischen Wien und Kremsmünster hervorzuheben (Abb. 1). In dieser Jahreszeit bleibt fast die ganzen Jahre hindurch die Sonnenscheindauer in Kremsmünster um einen ziemlich gleichbleibenden Betrag niedriger als in Wien; nur am Beginn der Reihe und in den Lustren von 1902 bis 1906 ist der Unterschied wesentlich kleiner. Auch in Klagenfurt sind die säkularen Änderungen der sommerlichen Sonnenscheindauer seit 1906 ähnlich der von Wien; es sind dort aber bis 1929 die Lustrenmittel fast gleich wie in Wien, nachher aber um 20 bis 50 Stunden kleiner. Auch in Innsbruck erfolgen seit 1929 die säkularen Änderungen der Sonnenscheindauer im Sommer ähnlich wie an den übrigen drei Stationen, während dort im Frühling noch stärkere Unterschiede aufgetreten sind. Die Lustrenmittel von Innsbruck sind in dieser Zeit um 160 bis 200 Stunden niedriger als in Wien. Vor 1929 sind allerdings in

Innsbruck die Änderungen der Sonnenscheindauer im Sommer etwas anders erfolgt als an den übrigen Stationen; das Minimum um 1924 ist nur sehr schwach ausgebildet und tritt nur in Form eines kurzen Rückschlages in der allgemeinen Zunahme der Sonnenscheindauer vom Beginn der Beobachtungsreihe bis zum Maximum im Lustrum 1929 in Erscheinung. Besonders ist auf die seit dem Lustrum 1951 an allen Stationen in gleicher Form eingetretene scharfe Abnahme der sommerlichen Sonnenscheindauer hinzuweisen.

Im Herbst sind die säkularen Änderungen der Sonnenscheindauer merklich kleiner als im Frühling und im Sommer. Wenn zur Beurteilung dieser Änderungen wieder die aus den Beobachtungswerten der vier Stationen der Niederung abgeleitete Mittelkurve herangezogen wird (Abb. 3), so fällt zunächst auf, daß das erste Maximum um 1892, das in der Jahressummenkurve und in der Frühlingskurve deutlich aufgetreten war, im Herbst ebenso wie im Sommer fehlt. Die Herbstkurve hat mit der Jahressummenkurve das Minimum in den Lustren 1911 bis 1914 und das Maximum im Lustrum 1919 und ferner etwas abgeschwächt die Minima von 1924 und 1938 und das Maximum von 1947 gemeinsam. Die im Sommer aufgetretenen Maxima von 1929 bis 1930 und 1951 fehlen im Herbst vollständig.

Im Vergleich der säkularen Änderungen der herbstlichen Sonnenscheindauer an den einzelnen Stationen fällt besonders die große Ähnlichkeit im Verlauf der Änderungen zwischen Innsbruck und Klagenfurt auf (Abb. 1), während die Ähnlichkeit zwischen Wien und Kremsmünster in dieser Jahreszeit geringer ist. Besonders hervorzuheben ist aber, daß fast durchweg die Sonnenscheindauer, nach den Lustrenmitteln beurteilt, im Herbst in Innsbruck am größten ist, während sie im Sommer und auch im Frühling dort am kleinsten war. Dies ist wahrscheinlich darauf zurückzuführen, daß in Innsbruck im Herbst weniger Nebel und Hochnebel vorkommen als im Alpenvorland und im Klagenfurter Becken, während im Sommer und im Frühling die Bergabschirmung in Innsbruck eine Verringerung der möglichen Sonnenscheindauer verursacht und dort auch die Bewölkung in diesen Jahreszeiten relativ größer ist. Besonders markant tritt das Maximum der herbstlichen Sonnenscheindauer im Lustrum 1919 an allen vier Stationen hervor, und in diesem Lustrum ist auch der Unterschied der Sonnenscheindauer zwischen diesen Stationen am kleinsten. Von 1913 bis 1924 ist die herbstliche Sonnenscheindauer in Wien und Kremsmünster auch kleiner als in Klagenfurt, während in den übrigen Zeiten wahrscheinlich vorwiegend wegen der herbstlichen Nebelbildung im Kärntner Becken Klagenfurt die kleinsten Werte der Sonnenscheindauer aufwies.

Im Winter ändert sich die Sonnenscheindauer im säkularen Gang nur wenig. Im Mittel aller Stationen (Abb. 3) ist festzustellen, daß im allgemeinen in der Zeit von 1902 bis 1926 und nach 1951 die winterliche Sonnenscheindauer ein wenig unter dem Normalwert blieb; vor 1902 und zwischen 1927 und 1951 stiegen die Lustrenmittel aber meist schwach über den Durchschnittswert der gesamten Reihe an. Wegen der kurzen astronomisch möglichen Sonnenscheindauer können die Schwankungen auch nur klein sein und auf die säkularen Schwankungen der Jahressummen der Sonnenscheindauer keinen nennenswerten Einfluß haben. Der Vergleich der einzelnen Stationen untereinander (Abb. 1) zeigt aber, daß diese gerade im Winter im Verlauf der säkularen Schwankungen der Sonnenscheindauer starke Abweichungen aufweisen, so daß in dieser Jahreszeit die Mittelkurve der vier Stationen weniger repräsentativ ist als in den übrigen Jahreszeiten. In Wien und Kremsmünster erfolgen die Schwankungen wieder in ziemlich ähnlicher Form und die Werte der Lustrenmittel sind an beiden Stationen auch meist gleich. Dies ist ein Hinweis darauf, daß im gesamten Voralpengebiet und im Donauraum von Ober- und Niederösterreich im Winter eine gleichmäßige Neigung zur Nebel- und Hochnebelbildung besteht. Das an sich auch sehr nebel- und hochnebelreiche Kärntner Becken zeigt aber dem Donauraum gegenüber in einzelnen Zeitabschnitten doch sehr beträchtliche Abweichungen. Nur von 1902 bis 1915 und von 1928 bis 1935 waren die Lustrenmittel von Klagenfurt ähnlich niedrig wie die von Wien und Kremsmünster; in den übrigen Zeiten waren sie aber zum Teil beträchtlich höher. 1893 bis 1901, 1916 bis 1922 und 1938 bis 1946 übertrafen sie sogar die aller drei anderen Stationen. Besonders auffallend sind die Maxima in der Kurve der säkularen Änderungen der winterlichen Sonnenscheindauer in Klagenfurt um 1897, 1918 bis 1920 und um 1944. Ähnlich wie im Herbst weist auch im Winter Innsbruck meist mehr Sonnenscheinstunden auf als die übrigen drei Stationen, wird aber von 1917 bis 1922 und von 1937 bis 1946 von Klagenfurt noch übertroffen. Die größte winterliche Sonnenscheindauer von allen vier Stationen hat Innsbruck im Lustrum 1932, in dem es die drei übrigen Stationen um 110 Stunden übertrifft. Im gesamten Zeitabschnitt vom Lustrum 1927 bis zum Lustrum 1935 war die winterliche Sonnenscheindauer in Innsbruck beträchtlich größer als an den übrigen Stationen.

Bei der Diskussion der säkularen Schwankungen der Sonnenscheindauer in den einzelnen Jahreszeiten **auf den Bergen** muß wegen der aus dem säkularen Gang der Jahressummen bereits erkannten Unsicherheit der Aufzeichnungen von der Besprechung der Verhältnisse auf der Zugspitze und auf dem Säntis abgesehen werden.

Im **Frühling** erfolgen die säkularen Schwankungen auf dem Obir und Sonnblick in ähnlicher Form wie auch an den Stationen der Niederung. Im Vergleich beider Bergstationen untereinander fällt wieder auf, daß ähnlich, wie es bereits bei den Schwankungen der Jahressummen festgestellt worden ist, der Obir in den Lustren 1895 bis ungefähr 1905 den Sonnblick in der Zahl der Sonnenscheinstunden um mehr übertrifft, als dies in den übrigen Zeiten der Fall ist (Abb. 2).

Im **Sommer** erfolgten die Änderungen der Sonnenscheindauer auf dem Obir und auf dem Sonnblick in vollkommen gleicher Art (Abb. 2). Die sommerlichen Sonnenscheinstundensummen des Obir übertreffen die des Sonnblicks durchweg bedeutend mehr, als dies bei den Frühlingssonnenscheinstundensummen der Fall ist. Gegenüber den Stationen der Niederung (Abb. 3) fällt auf, daß dort vor 1890 die Sonnenscheindauer im Sommer etwas höher, auf den Bergen aber tiefer war als im Lustrum 1895 selbst und daß der Anstieg nach dem Minimum im Lustrum 1938 auf den Bergen sehr rasch, in der Niederung aber nur allmählich erfolgte.

Im **Herbst** waren die Stundensummen der Sonnenscheindauer auf dem Obir und auf dem Sonnblick durchweg fast gleich groß und auch die säkularen Änderungen erfolgten auf beiden Bergen in gleicher Form (Abb. 2). Im Vergleich zur Niederung (Abb. 3) fällt auf, daß auf den Bergen das Maximum um 1899 stärker ausgeprägt ist und daß der Anstieg zu diesem Maximum wesentlich deutlicher ist als bei den Stationen der Niederung. Das Minimum um 1938 ist in der Niederung stärker entwickelt als auf den Bergen. Während sich in der Niederung nach 1930 eine Tendenz zur Verminderung der herbstlichen Sonnenscheinstunden zeigt, findet man auf den Bergen in dieser Zeit eher eine zunehmende Tendenz.

Im **Winter** ist bemerkenswert, daß in den Lustren 1902 bis 1914 die Sonnenscheindauer auf dem Obir größer, in den Lustren 1928 bis 1934 aber wesentlich kleiner ist als auf dem Sonnblick. Es sind dies Zeiten, wo in Klagenfurt, Wien und Kremsmünster die winterlichen Sonnenscheinstunden ziemlich gleich sind. Dagegen ist in Innsbruck das Maximum von 1930 bis 1932 ebenso deutlich entwickelt wie das Maximum auf dem Sonnblick zur selben Zeit.

5. Normalwerte und Veränderlichkeit der Sonnenscheindauer

Die bisherigen Betrachtungen haben einen Überblick über die langjährigen Schwankungen der Sonnenscheindauer gegeben, die als Änderungen der hauptsächlichsten Energiequelle der Lufthülle einen unter den verschiedenen Faktoren darstellen, die als Ursachen für die Klimaschwankungen oder auch als Auswirkung von Klimaschwankungen in Betracht kommen. Denn während einerseits die langjährigen Änderungen der Sonnenscheindauer ein Maß für die wechselnde Energiezufuhr zur Erdoberfläche, von der ein maßgebender Einfluß auf das Wettergeschehen ausgeht, darstellen, kommen andererseits in den Schwankungen der Sonnenscheindauer auch Änderungen im System der Luftströmungen und in der allgemeinen Zirkulation zum Ausdruck, die sich in gebiets- und zeitweisen Änderungen des allgemeinen Wettergeschehens und damit auch der Bewölkungsverhältnisse auswirken. Zur Beurteilung dieser Vorgänge im geschichtlichen Ablauf des Wettergeschehens über lange Zeit stellen Sonnenscheinregistrierungen, wenn sie sorgfältig durchgeführt und betreut werden, ein objektives Maß dar.

Lange Beobachtungsreihen der Sonnenscheindauer sind selten und schwer zugänglich. Es werden deshalb im Anhang I bis VII die gesamten Reihen der Monats-, Jahreszeiten- und Jahressummen der Sonnenscheinstunden der Stationen Wien, Kremsmünster, Innsbruck, Klagenfurt, Sonnblick, Obir und Villacheralpe, von denen die vorliegende Bearbeitung gezeigt hat, daß sie hinreichend homogen sind und die wirklichen Verhältnisse wiederzugeben scheinen, in extenso mitgeteilt. Auf dem Sonnblick ist im Jahre 1938 eine Änderung der Aufstellung des Sonnenscheinautographen vorgenommen worden, die den Zweck hatte, eine kurze Sonnenabschirmung unmittelbar nach Sonnenaufgang und vor Sonnenuntergang durch den Schatten des Beobachtungsturms im Sommer auszuschalten. Dadurch wurde die mögliche Sonnenscheindauer in den Monaten Mai, Juni und Juli betroffen. Um die Reihe des Sonnblicks im Anhang homogen zu machen, wurden in den Beobachtungswerten von 1888 bis 1937 in diesen Monaten kleine Korrekturen angebracht, indem mit Hilfe der Prozentwerte der effektiv möglichen Sonnenscheindauer der früheren Aufstellung die Zahlen der effektiv möglichen Sonnenscheinstunden der neuen Aufstellung multipliziert wurden. Durch die Verbesserung der Aufstellung hat die Zahl der möglichen Sonnenscheinstunden im Mai um 19 Stunden, im Juni um 51 Stunden und im Juli um 37 Stunden zugenommen. Da die Prozente der effektiv möglichen Sonnenscheindauer im Mai 40, im Juni 44 und im Juli 50 Prozent betragen, machen die Verbesserungen im Durchschnitt im Mai 8 Stunden, im Juni 22 Stunden und im Juli 18 Stunden aus. Die Beobachtungsreihe des Obir (2044 m) ist durch Zerstörung der Station durch Kriegseinwirkung im Jahre 1943 abgebrochen worden. Bereits seit 1928 wurde auch auf der Villacheralpe (2157 m), die ebenfalls am Südrand des österreichischen Bundesgebietes in Kärnten gelegen ist, Registrierungen der Sonnenscheindauer vorgenommen, die nun als Parallelbeobachtungen die Grundlage für eine Reduktion der Obir-Reihe auf eine einheitliche Periode 1901 bis 1950 liefern. Um einen Anschluß der Beobachtungsreihe der Villacheralpe an die Obir-Reihe für die Zukunft zu ermöglichen und eine Möglichkeit zur Beurteilung der Ähnlichkeit im Verlauf der Schwankungen der Sonnenscheindauer an beiden Stationen zu geben, werden im Anhang beide Beobachtungsreihen veröffentlicht.

Die langen Beobachtungsreihen der oben erwähnten Stationen lassen es zu, 50jährige Normalwerte für die Periode 1901 bis 1950 abzuleiten, die für die einzelnen Monate und für die Jahressumme in Tab. 1 wiedergegeben sind [2]). Für diese Berechnungen mußte

---

[2]) Die Einordnung der hier behandelten Stationen in das Bild der Verteilung der Sonnenscheindauer in Österreich zeigen die neuen Sonnenschein-Karten [5].

die Reihe von Innsbruck für die Jahre 1901 bis 1905 mit Hilfe der Bewölkungsbeobachtungen auf Grund der Beziehungen zwischen Sonnenscheinstunden und Bewölkung im Jahresgang [4] ergänzt werden. Die Reihe der Sonnenscheinregistrierungen des Obir konnte, wie erwähnt, mit Hilfe der Sonnenscheinregistrierungen von der Villacheralpe für die Jahre 1944 bis 1950 erweitert werden.

Im Jahresgang fällt in allen vier Stationen der Niederung das Maximum auf den Juli und das Minimum auf den Dezember. Die Jahresgänge verlaufen nicht ganz aus-

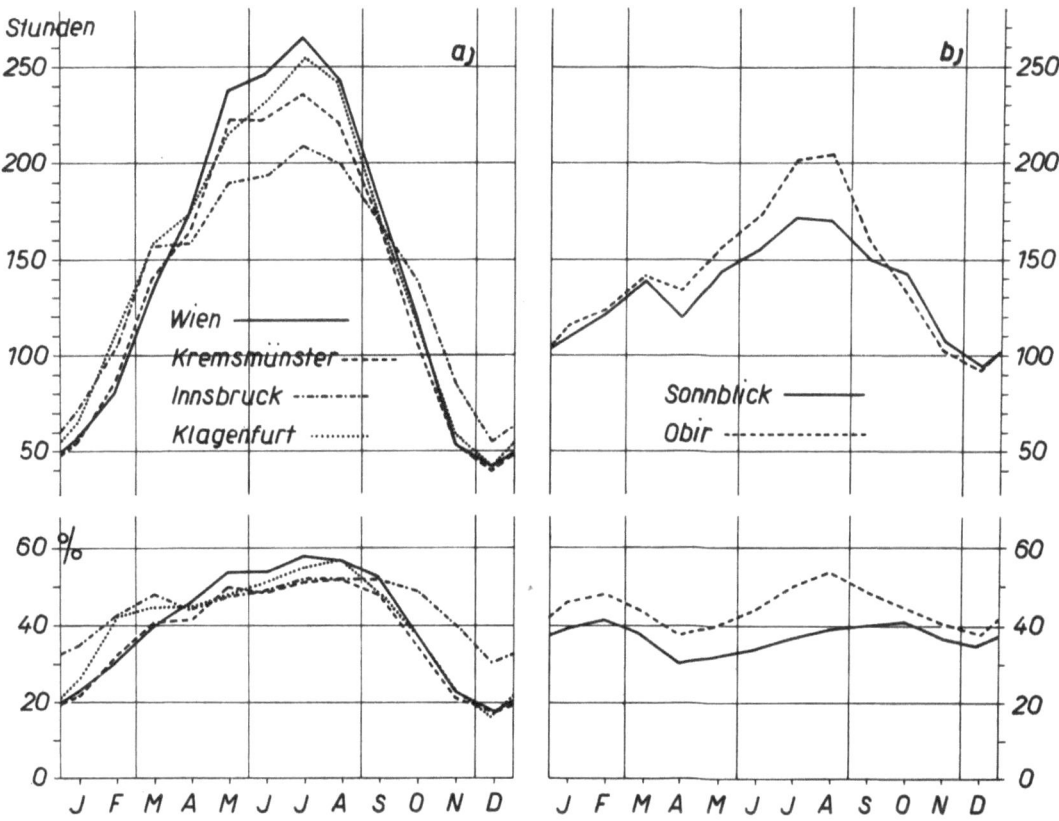

Abb. 4. Jahresgang der Monatssummen der Sonnenscheinstunden und der Prozente der effektiv möglichen Sonnenscheindauer in Wien, Kremsmünster, Innsbruck, Klagenfurt, auf dem Sonnblick und auf dem Obir. 1901—1950.

geglichen gleichmäßig (Abb. 4 a). Es fällt vor allem eine Unterbrechung der Zunahme der Sonnenscheindauer im ersten Halbjahr im April auf, die in Wien fast nicht merkbar ist, in Innsbruck aber am deutlichsten in Erscheinung tritt. Es ist dies die Zeit, in der wegen der zunehmenden Erwärmung des Bodens die Stabilität der Luftschichtung am kleinsten ist, was auch in dem durch seine starke Veränderlichkeit und Unbeständigkeit bekannten „Aprilwetter" zum Ausdruck kommt. Dieses ist meist auch an Wetterlagen gebunden, die Luft von Nordwesten oder Norden heranbringen, was besonders im Nordalpengebiet zu Stau und damit zur verstärkten Wolkenbildung führt. Der Einfluß des maritimen Klimas zeigt sich auch darin deutlich, daß in den Monaten Mai bis August die Zahl der monatlichen Sonnenscheinstunden von Wien bis Innsbruck deutlich abnimmt. Eine zweite Unterbrechung erfährt die Zunahme der Sonnenscheindauer im Jahresgang im Monat Juli. Dies ist darauf zurückzuführen, daß in diesem Monat eine verstärkte Zufuhr kühlerer maritimer Luftmassen erfolgt, die man als sommermonsunartige Erscheinung bezeichnet. Auch dieser Rückschlag ist im Westen am deutlichsten, im Osten und Süden aber nur sehr schwach ausgeprägt. Im Jahresgang fällt ferner auf, daß in den Monaten September bis Dezember die Monatssummen der Sonnenscheindauer in Wien, Kremsmünster und Klagenfurt fast gleich groß sind; in Wien und Kremsmünster dauert diese Gleichheit auch weiter bis zum April an. In Innsbruck sind dagegen die Monatssummen der Sonnenscheindauer von Oktober bis März größer als in Wien und Kremsmünster, von Oktober bis Jänner auch größer als in Klagenfurt. Dies erklärt sich daraus, daß in diesen Zeiten im Alpenvorland und auch im Kärntner Becken bedeutend häufiger als im inneralpinen Gebiet Nebel- und andauernde Hochnebeldecken vorkommen.

Die Monatssummen der Sonnenscheinstunden sind nicht immer für die Beurteilung der Witterung charakteristisch, weil in Gebieten mit überhöhtem Horizont, wie es im Gebirge der Fall ist, die Sonnenscheindauer oft nicht durch Wolken, sondern durch die Horizontüberhöhung verkürzt wird. Um diese Unterscheidung zum Ausdruck zu bringen, können die Sonnenscheinverhältnisse auch durch die Angabe der Prozentwerte der an dem betreffenden Ort unter Berücksichtigung der Horizontüberhöhung effektiv möglichen Sonnenscheindauer charakterisiert werden. In diesen Prozentzahlen kommt wirklich die witterungsmäßig bedingte Begünstigung oder Beschränkung der Sonnenscheindauer im Vergleich der verschiedenen Stationen zum Ausdruck. Bei den in Tab. 1 aufgenommenen Stationen sind jeweils auch die Jahresgänge der Monatssummen der effektiv möglichen Sonnenscheinstunden und die Monatswerte der beobachteten Sonnenscheindauer in Prozenten dieser effektiv möglichen Dauer angeführt. Beim Vergleich dieser Prozentzahlen (Abb. 4 a) kommt noch deutlicher zum Ausdruck, daß von Oktober bis März Innsbruck gegenüber den anderen Stationen stark begünstigte Sonnenscheinverhältnisse aufweist. Im Februar und März hat auch Klagenfurt bereits einen beträchtlichen Vorsprung gegenüber Wien und Kremsmünster. Im Jahresgang der Prozentwerte der effektiv möglichen Sonnenscheindauer fällt auch der Rückschlag im April besonders in Innsbruck deutlich auf und außerdem auch von Mai bis August die durch seine kontinentale Lage gegenüber den anderen Stationen bedingte Begünstigung von Wien. Im Spätsommer kommt auch das durch Klagenfurt vertretene Südalpengebiet an relativen Sonnenscheinreichtum Wien nahe.

Auf den Bergen verläuft der Jahresgang der Sonnenscheindauer wesentlich anders als in der Niederung (4 b). Das Maximum fällt auf Juli und August und tritt auf den Bergstationen wesentlich deutlicher in Erscheinung als an den Stationen der Niederung, wo auch die beiden Vormonate bereits höhere Monatssummen der Sonnenscheinstunden aufweisen. Vom Oktober bis Februar ist die Sonnenscheindauer auf den Bergen bedeutend größer als in der Niederung; besonders groß sind die Unterschiede in den Monaten November bis Januar, in denen die Niederung oft lange Zeit unter Nebel oder Hochnebeldecken liegt. Diese große Zahl winterlicher Sonnenscheinstunden bedingt, daß die Zunahme gegen den Sommer hin auf den Bergen bedeutend geringer ist als in der Niederung und daß dort der Rückschlag im April sogar als zweites Minimum neben dem Dezemberminimum im Jahresgang der Monatssummen der Sonnenscheinstunden auftritt. Im Gebirge hält zum Unterschied gegenüber der Niederung die durch die verstärkte Bewölkungsneigung bedingte Verringerung der Sonnenscheinstundenzahl auch im Mai und Juni noch an. Von April bis August ist die Zahl der monatlichen Sonnenscheinstunden im Gebirge wesentlich kleiner als in der Niederung. Im September gleichen sich die Verhältnisse wieder aus. Dieser Monat ist in allen Gebieten sowohl in der Niederung wie auch auf den Bergen witterungsmäßig relativ begünstigt. Während von Oktober bis März Obir und Sonnblick nahezu die gleichen Sonnenscheinstunden aufweisen, hat von

April bis September der um 1100 m höhere Sonnblick weniger Sonnenscheinstunden als der Obir; am größten sind die Unterschiede im Juli und August. Zufolge seiner hohen Lage steckt der Sonnblick im Sommerhalbjahr häufiger in Wolken als der Obir.

Der Unterschied der Jahresgänge der Sonnenscheindauer zwischen Niederung und Hochgebirge kommt besonders deutlich in den Jahresgängen der Prozentwerte der effektiv möglichen Sonnenscheindauer zum Ausdruck (Abb. 4 b). Daraus ersieht man, daß auf dem Sonnblick das Minimum im April sogar das Hauptminimum ist und demnach dort im Dezember sogar schöneres Wetter herrscht als im April. Auf dem Obir sind beide Minima gleich. Aus Abbildung 4 b ist auch ersichtlich, daß im Jahresgang der relativen Sonnenscheindauer, wie man die in Prozenten der effektiv möglichen Sonnenscheinstunden ausgedrückte Sonnenscheindauer auch nennt, auch zwei fast gleich große Maxima auftreten. Auf dem Obir fällt das Hauptmaximum auf den August und übertrifft das zweite Maximum, das im Februar auftritt, noch ein wenig. Auf dem Sonnblick fehlt das Maximum im Sommer überhaupt; es ist auf den Oktober verschoben und das zweite Maximum im Februar kommt ihm vollkommen gleich. Daraus ergibt sich, daß im Zentralalpenkamm Frühherbst und Spätwinter die schönste Witterung aufweisen. Im Jahresgang der relativen Sonnenscheindauer der Bergstationen sieht man ferner, daß der Obir das ganze Jahr hindurch höhere Prozentwerte zeigt als der Sonnblick und daß die Unterschiede im Sommer am größten sind. Aus den höheren Winterwerten der relativen Sonnenscheindauer auf dem Obir gegenüber dem Sonnblick bei nahezu gleichen Monatssummen der Sonnenscheinstunden ist auch ersichtlich, daß der Sonnenscheinautograph auf dem Obir nicht vollkommen frei aufgestellt war. Die Station stand dort nicht auf dem Gipfel des Berges, sondern wurde gegen Abend von einer Bergflanke im Westen überhöht.

In Tab. 1 sind auch die in den Jahren 1901 bis 1950 beobachteten höchsten und niedrigsten Monatssummen der Sonnenscheinstunden für die einzelnen Stationen angegeben. Zur Beurteilung der Größe der Abweichungen wurden diese auch in Prozenten der 50jährigen Durchschnittswerte ausgedrückt. Aus dem Vergleich der größten und kleinsten Monatswerte ist ersichtlich, daß die Schwankungsweite der Veränderlichkeit im Winter wesentlich größer ist als im Sommer. An den Stationen der Niederung sind im Sommer die größten Monatssummen ungefähr um ein Drittel größer als die durchschnittlichen Monatssummen, während die kleinsten Monatssummen ungefähr einhalb bis zwei Drittel der durchschnittlichen Werte betragen. Im Winter erreichen die Höchstwerte den doppelten Betrag der Durchschnittswerte oder überschreiten ihn sogar, während die kleinsten Monatssummen nur ein Zehntel bis ein Drittel der Durchschnittswerte betragen. Auf den Bergen sind die Unterschiede in der relativen Veränderlichkeit zwischen Sommer und Winter kleiner. Auf dem Obir liegen die Maxima der Monatsstundensummen im Winter ungefähr um zwei Drittel und im Sommer um ein Drittel über dem Durchschnitt, während die Minima im Winter ein Viertel und im Sommer bis zwei Drittel der Durchschnittswerte ausmachen. Auf dem Sonnblick liegen die größten Monatssummen der Sonnenscheinstunden im Sommer um ungefähr die Hälfte und im Winter um drei Viertel über dem Durchschnitt, während die Minima der Monatssummen in den einzelnen Monaten ein Viertel bis die Hälfte der Durchschnittswerte betragen. In der Niederung ist das sonnigste Jahr 1921, auf den Bergen war es 1943. Als sonnenärmstes Jahr wird auf den Bergstationen 1910 verzeichnet. An den Stationen der Niederung hatten am wenigsten Sonne die Jahre 1912, 1904 und 1925.

Die in Tab. 1 angegebenen Extreme der Monatssummen der Sonnenscheinstunden wurden an den einzelnen Stationen in den Beobachtungsperioden außerhalb der Periode 1901 bis 1950 noch in mehreren Monaten und Jahren übertroffen. Größere Maxima der

Monatssummen der Sonnenscheinstunden wurden beobachtet: in Wien 97 Stunden im Januar 1883, 197 Stunden im Oktober 1899 und 100 Stunden im November 1882, in Kremsmünster 313 Stunden im Juni 1885, 305 Stunden im August 1892, 259 Stunden im September 1886 und 83 Stunden im Dezember der Jahre 1887 und 1890, in Innsbruck 245 Stunden im März 1953 und 145 Stunden im November 1953, in Klagenfurt 276 Stunden im März 1953 und 101 Stunden im Dezember 1900, auf dem Obir 188 Stunden im Februar 1891, 230 Stunden im April 1893, 227 Stunden im Juni 1897, 247 Stunden im September 1895, 216 Stunden im Oktober 1899 und 200 Stunden im November 1897, auf dem Sonnblick 208 Stunden im Februar 1896, 240 Stunden im März 1953 und 203 Stunden im November 1953. Kleinere Minima als in den Jahren 1901 bis 1950 wurden beobachtet: in Wien 148 Stunden im August 1896, 171 Stunden im August 1882, 175 Stunden im August 1890 und 34 Stunden im Oktober 1881, in Kremsmünster 15 Stunden im Februar 1952, in Innsbruck 107 Stunden im April 1954, in Klagenfurt 11 Stunden im November 1893, auf dem Obir 41 Stunden im Juni 1884, 85 Stunden im Juni 1886 und 108 Stunden im August 1896, auf dem Sonnblick 30 Stunden im Januar 1900 und 50 Stunden im Oktober 1896.

Tabelle 1. Durchschnittliche, größte und kleinste Monatssummen der Sonnenscheinstunden, Monatssummen der effektiv möglichen Sonnenscheindauer und Jahresgang der Prozente der effektiv möglichen Sonnenscheindauer. 1901—1950

	Jan.	Febr.	März	April	Mai	Juni	Juli	Aug.	Sept.	Okt.	Nov.	Dez.	Jahr
Wien, 202 m													
Mittel	56	81	135	173	238	246	265	242	184	118	53	41	1837
Maximum													
Monatssumme	89	141	251	306	316	343	358	310	258	186	100	81	2251
Stunden pro Tag	2,9	5,0	8,1	10,2	10,2	11,4	11,6	10,0	8,6	6,0	3,3	2,6	6,2
% d. Normalen	159	174	186	177	133	139	135	128	140	158	173	198	123
Jahr	1911	1949	1921	1946	1931	1917	1904	1944	1929	1947	1908	1941	1921
Minimum													
Monatssumme	18	12	54	100	147	158	190	190	85	38	27	9	1552
Stunden pro Tag	0,6	0,4	1,7	3,3	4,7	5,2	6,1	6,1	2,8	1,2	0,9	0,3	4,3
% d. Normalen	32	15	40	58	62	64	72	79	46	32	47	22	85
Jahr	1919	1947	1944	1942	1939	1920	1913	1924 1938 1940	1912	1915	1939	1903	1925
Effektiv mögliche Sonnenscheindauer													
Stunden	247	266	335	379	444	455	459	423	350	308	257	236	4159
Prozente der effektiv möglichen Sonnenscheindauer													
Prozente	23	30	40	46	54	54	58	57	53	38	23	17	44
Kremsmünster, 388 m													
Mittel	54	87	140	165	223	223	236	221	172	107	54	40	1719
Maximum													
Monatssumme	116	149	249	286	307	313	336	296	250	205	98	68	2132
Stunden pro Tag	3,7	5,3	8,0	9,5	9,9	10,4	10,8	9,5	5,3	6,6	3,3	2,2	5,8
% d. Normalen	215	172	178	174	138	140	142	134	145	192	182	170	124
Jahr	1903	1939	1943	1946	1921	1917	1928	1944	1947	1908	1901	1921	1921
Minimum													
Monatssumme	26	37	32	100	124	142	124	137	30	21	27	5	1310
Stunden pro Tag	0,8	1,3	1,0	3,3	4,0	4,7	4,0	4,4	1,0	0,7	0,9	0,2	3,6
% d. Normalen	48	43	23	61	56	64	53	62	17	20	50	13	76
Jahr	1920 1923	1946	1944	1917	1939	1926	1926	1912	1912	1922	1919 1949	1923	1912
Effektiv mögliche Sonnenscheindauer													
Stunden	251	268	345	389	447	459	459	424	355	312	260	239	4208
Prozente der effektiv möglichen Sonnenscheindauer													
Prozente	22	32	41	42	50	49	51	52	48	34	21	17	41

51.—53. Jahresbericht des Sonnblick-Vereines, 1953—1955

	Jan.	Febr.	März	April	Mai	Juni	Juli	Aug.	Sept.	Okt.	Nov.	Dez.	Jahr
Innsbruck, 582 m													
Mittel	71	104	155	158	190	194	210	199	171	140	86	55	1733
Maximum													
Monatssumme	112	171	219	236	266	261	277	259	234	193	126	120	2028
Stunden pro Tag	3,6	6,1	7,1	7,9	8,6	8,7	8,9	8,4	7,8	6,2	4,2	3,9	5,6
% d. Normalen	158	164	141	149	140	134	132	130	137	138	147	219	117
Jahr	1930	1949	1950	1946	1950	1950	1928	1923	1929	1921	1938	1932	1921
Minimum													
Monatssumme	34	51	76	110	110	129	135	126	84	71	53	24	1342
Stunden pro Tag	1,1	1,8	2,5	3,7	3,6	4,3	4,4	4,1	2,8	2,3	1,8	0,8	3,7
% d. Normalen	48	49	49	70	58	66	64	64	49	51	62	44	78
Jahr	1907 1923	1937	1944	1907 1935	1939	1923	1913	1912	1912	1922	1947	1906 1923	1912
Effektiv mögliche Sonnenscheindauer													
Stunden	204	242	321	356	400	398	404	385	327	288	214	186	3725
Prozente der effektiv möglichen Sonnenscheindauer													
Prozente	35	43	48	44	48	49	52	52	52	49	40	30	47
Klagenfurt, 448 m													
Mittel	65	110	158	173	215	231	254	242	173	118	58	39	1836
Maximum													
Monatssumme	146	189	258	260	293	313	322	303	261	205	139	100	2280
Stunden pro Tag	4,7	6,7	8,3	8,7	9,4	10,4	10,4	9,8	8,7	6,6	4,6	3,2	6,2
% d. Normalen	224	172	163	151	136	136	127	125	151	174	240	257	124
Jahr	1918	1949	1948	1946	1950	1922	1928	1933	1921	1921	1918	1918	1921
Minimum													
Monatssumme	18	25	69	89	137	139	171	100	40	55	30	4	1594
Stunden pro Tag	0,6	0,9	2,2	3,4	4,4	4,6	5,5	3,2	1,3	1,8	1,0	0,1	4,4
% d. Normalen	28	23	45	51	64	60	67	41	23	47	52	10	87
Jahr	1913	1902	1928	1918	1947	1916	1926	1922	1922	1915	1933 1936	1916 1904	1904
Effektiv mögliche Sonnenscheindauer													
Stunden	251	261	348	389	450	454	459	422	357	316	257	238	4202
Prozente der effektiv möglichen Sonnenscheindauer													
Prozente	26	42	45	45	48	51	55	57	48	37	23	16	44
Obir, 2044 m													
Mittel	114	123	140	133	156	171	201	204	161	133	104	93	1733
Maximum													
Monatssumme	185	186	217	212	235	227	260	282	239	207	164	164	2143
Stunden pro Tag	6,0	6,6	7,0	7,1	7,6	7,6	8,4	9,1	8,0	6,7	5,5	5,3	5,9
% d. Normalen	163	151	155	160	151	133	129	138	148	156	158	176	124
Jahr	1932	1920	1929	1943	1923	1931	1922	1943	1929	1908	1938	1905	1943
Minimum													
Monatssumme	27	45	40	64	81	99	135	117	62	56	41	34	1358
Stunden pro Tag	0,9	1,6	1,3	2,1	2,6	3,3	4,4	3,8	2,1	1,8	1,4	1,1	3,7
% d. Normalen	24	37	28	48	52	58	67	57	39	42	39	37	78
Jahr	1919	1931	1937	1907	1939	1926	1926	1938	1904	1922	1905	1909	1910
Effektiv mögliche Sonnenscheindauer													
Stunden	250	256	318	349	387	388	398	376	329	297	252	244	3844
Prozente der effektiv möglichen Sonnenscheindauer													
Prozente	46	48	44	38	40	44	50	54	49	45	41	38	45
Sonnblick, 3106 m													
Mittel	109	120	138	119	143	154	171	170	150	143	107	95	1619
Maximum													
Monatssumme	194	204	229	227	233	241	275	242	226	218	169	171	1946
Stunden pro Tag	6,3	7,3	7,4	7,6	7,5	8,0	8,9	7,8	7,5	7,0	5,6	5,5	5,3
% d. Normalen	178	170	166	191	163	157	161	142	151	153	158	180	120
Jahr	1932	1920	1929	1946	1917	1935	1938	1923	1917	1920	1921	1948	1943
Minimum													
Monatssumme	38	34	52	39	39	55	98	85	81	63	50	34	1261
Stunden pro Tag	1,2	1,2	1,7	1,3	1,3	1,8	3,2	2,7	2,7	2,0	1,7	1,1	3,5
% d. Normalen	35	28	38	33	27	36	57	50	54	44	47	36	78
Jahr	1915	1947	1937	1918 1919	1939	1926	1926 1954	1924	1925	1922	1910	1909	1910

	Jan.	Febr.	März	April	Mai	Juni	Juli	Aug.	Sept.	Okt.	Nov.	Dez.	Jahr
Effektiv mögliche Sonnenscheindauer													
Stunden	281	296	368	396	449	456	465	434	377	347	290	268	4427
Prozente der effektiv möglichen Sonnenscheindauer													
Prozente	39	41	38	30	32	34	37	39	40	41	37	35	36

Während die extremen Abweichungen der Monatssummen der Sonnenscheinstunden zur Beurteilung der möglichen Veränderlichkeit und der Variationsbreite der Sonnenscheindauer von großem Interesse sind, kommt vom praktischen Gesichtspunkt den Abweichungen längerer Zeitabschnitte mehr Bedeutung zu. Es wurden deshalb auch die Jahreszeitensummen der Betrachtung der langjährigen Schwankungen der Sonnenscheindauer zugrunde gelegt und es soll nun in Tab. 2 auch noch eine Zusammenstellung der Jahreszeitensummen und der extremen Abweichungen der einzelnen Jahreszeitenwerte wie auch der Lustrenmittel wiedergegeben werden. In dieser Tabelle sind auch die 50jährigen Mittelwerte der Jahreszeitensummen der Sonnenscheinstunden den Mittelwerten der gesamten Beobachtungszeiten der einzelnen Stationen gegenübergestellt. Daraus ist ersichtlich, daß den 50jährigen Mittelwerten schon eine sehr große Zuverlässigkeit zukommt und daß sie von den aus noch längeren Beobachtungsperioden berechneten Mittelwerten nur mehr unwesentlich abweicht.

Tabelle 2. Mittel- und Extremwerte der Jahreszeiten- und Jahressummen der Sonnenscheinstunden

Wien, 203 m	Frühling	Sommer	Herbst	Winter	Jahr
Mittel					
1881—1955	544	755	361	182	1842
1901—1950	546	754	360	179	1839
durchschnittliche Abweichung 1901—1950	58,7	61,3	49,6	30,6	135,4
größte Jahreszeiten- bzw. Jahressummen	737	893	502	266	2251
Jahr	1946	1917	1947	1881/82	1921
kleinste Jahreszeiten- bzw. Jahressummen	410	611	215	85	1552
Jahr	1942	1925	1922	1903/04	1925
Variationsbreite	327	282	287	181	699
größtes Lustrum-Mittel	638	823	421	224	2019
Lustrum	1946/50	1928/32	1945/49	1881/85	1946/50
kleinstes Lustrum-Mittel	478	679	296	140	1662
Lustrum	1938/42	1912/16	1912/16	1915/19	1912/16
Kremsmünster, 388 m					
Mittel					
1884—1955	527	682	340	181	1730
1901—1950	528	680	334	180	1722
durchschnittliche Abweichung	53,9	68,3	54,3	32,9	119,7
größte Jahreszeiten- bzw. Jahressummen	690	899	478	293	2132
Jahr	1921	1887	1947	1890/91	1921
kleinste Jahreszeiten- bzw. Jahressummen	348	513	127	87	1310
Jahr	1944	1926	1912	1954/55	1912
Variationsbreite	342	386	351	206	822
größtes Lustrum-Mittel	612	761	393	245	1904
Lustrum	1946/50	1901/05	1898/1902	1887/1891	1946/50
kleinstes Lustrum-Mittel	449	558	259	121	1538
Lustrum	1896/1900	1909/13	1912/16	1951/55	1912/16
Innsbruck, 582 m					
Mittel					
1906—1955	504	594	398	233	1729
1901—1950	503	603	397	230	1733
durchschnittliche Abweichung 1901—1950	47,2	53,2	45,8	41,7	129,7
größte Jahreszeiten- bzw. Jahressummen	631	726	524	377	2028
Jahr	1948	1950	1921	1948/49	1921
kleinste Jahreszeiten- bzw. Jahressummen	398	484	230	132	1339
Jahr	1912	1954	1912	1906/07	1912

	Frühling	Sommer	Herbst	Winter	Jahr
Variationsbreite	233	242	294	245	689
größtes Lustrum-Mittel	565	657	453	290	1919
Lustrum	1945/49	1949/53	1945/49	1930/34	1947/51
kleinstes Lustrum-Mittel	440	533	332	192	1555
Lustrum	1937/41	1909/13	1912/16	1907/11	1906/10
Klagenfurt, 448 m					
Mittel					
1884—1955	540	726	346	218	1830
1901—1950	546	727	349	216	1838
durchschnittliche Abweichung 1901—1950	55,2	47,9	45,5	43,3	123,5
größte Jahreszeiten- bzw. Jahressummen	702	901	530	354	2280
Jahr	1920	1928	1921	1917/18	1921
kleinste Jahreszeiten- bzw. Jahressummen	373	584	240	106	1540
Jahr	1928	1889	1912	1903/04	1889
Variationsbreite	329	317	290	248	740
größtes Lustrum-Mittel	621	804	436	262	2029
Lustrum	1919/23	1927/31	1917/21	1942/46	1917/21
kleinstes Lustrum-Mittel	465	670	306	174	1707
Lustrum	1895/99	1922/26	1909/13	1929/33	1901/05
Obir, 2044 m					
Mittel					
1884—1943	414	567	394	336	1711
1901—1950	428	572	397	330	1727
durchschnittliche Abweichung 1901—1943	55,2	61,0	49,9	53,3	118,9
größte Jahreszeiten- bzw. Jahressummen	550	691	538	460	2143
Jahr	1893	1922	1908	1931/32	1943
kleinste Jahreszeiten- bzw. Jahressummen	252	374	254	172	1358
Jahr	1928	1884	1922	1909/10	1910
Variationsbreite	298	317	284	288	785
größtes Lustrum-Mittel	515	672	447	379	1878
Lustrum	1942/46	1927/31	1945/49	1887/91	1945/49
kleinstes Lustrum-Mittel	360	506	355	290	1608
Lustrum	1897/1901	1884/88	1885/89	1915/19	1915/19
Sonnblick, 3106 m					
Mittel					
1888—1955	399	484	401	329	1613
1901—1950	399	493	400	325	1617
durchschnittliche Abweichung 1901—1950	52,6	58,0	52,4	61,3	140,9
größte Jahreszeiten- bzw. Jahressummen	589	670	583	495	1946
Jahr	1955	1928	1921	1931/32	1943
kleinste Jahreszeiten- bzw. Jahressummen	230	299	199	183	1261
Jahr	1897	1896	1896	1909/10	1910
Variationsbreite	359	371	384	312	685
größtes Lustrum-Mittel	489	569	465	410	1785
Lustrum	1942/46	1928/32	1945/49	1928/32	1942/46
kleinstes Lustrum-Mittel	310	433	355	271	1413
Lustrum	1895/99	1936/40	1901/05	1908/12	1906/10

Während die extremen Jahressummen an den Stationen der Niederungen einerseits und an den Bergstationen andererseits noch meist in denselben Jahren eintreten, ist dies bei den extremen Jahreszeitensummen nicht der Fall. Es ist zum Beispiel interessant, daß im Jahre 1943, das an den beiden Bergstationen das sonnigste Jahr war, in keiner der einzelnen Jahreszeiten das Maximum auf dieses Jahr gefallen ist. Auch an den Stationen der Niederung fiel das Maximum der Jahreszeitensummen nur selten auf das Jahr 1921, das für die Niederung das sonnigste Jahr war. In den Lustrenmitteln fallen die einzelnen extremen Jahreszeiten und auch die extremen Jahreslustrenmittel nur mehr sehr selten an mehreren Stationen auf dasselbe Jahr. Dies hat auch schon die Diskussion der säkularen Schwankungen und die Darstellung in den Abbildungen 1 und 2 ergeben.

In Tab. 2 sind auch die durchschnittlichen Abweichungen der Jahreszeitensummen und der Jahressummen für die Periode 1901 bis 1950 bei den einzelnen Stationen angegeben. Diese wurden so berechnet, daß die Durchschnittswerte der absoluten Beträge aller Abweichungen der einzelnen Jahre bzw. Jahreszeiten von den 50jährigen Mittelwerten gebildet worden sind. Von den Stationen der Niederung ist die durchschnittliche Abweichung der Jahressummen in Wien am größten und in Kremsmünster am kleinsten; die Unterschiede sind aber nicht sehr groß. Auf den Bergen ist die Veränderlichkeit der Jahressummen auf dem Obir ähnlich wie in der Niederung, auf dem Sonnblick aber trotz einer kleineren Jahressumme von Sonnenscheinstunden merklich größer als an den übrigen Stationen. In den einzelnen Jahreszeiten ist der Stundenzahl nach die Veränderlichkeit an allen Stationen der Niederung der Nordalpen im Sommer am größten und im Winter am kleinsten. In Klagenfurt ist die Veränderlichkeit im Frühling am größten; im Sommer ist sie dort aber kleiner als an den übrigen Stationen der Niederung, was die größere Beständigkeit des sommerlichen Wetters in den Südalpen zum Ausdruck bringt. Dies kommt noch mehr zur Geltung, wenn man die relative Veränderlichkeit betrachtet, die die durchschnittlichen Abweichungen in Prozenten der durchschnittlichen Stundensummen angibt. Für die einzelnen Jahreszeiten und für die Jahressummen ergeben sich die in Tab. 3 zusammengestellten Werte.

Tabelle 3. Relative Veränderlichkeit der Jahreszeiten- und Jahressummen der Sonnenscheinstunden in Prozenten der durchschnittlichen Stundensummen (1901 bis 1950)

	Fr.	So.	He.	Wi.	Jahr
Wien	10,8	8,1	13,8	17,1	7,4
Kremsmünster	10,2	10,0	16,3	18,3	6,9
Innsbruck	9,4	8,8	11,5	18,1	7,5
Klagenfurt	10,1	6,6	13,0	20,0	6,7
Obir	12,9	10,7	12,6	16,1	6,9
Sonnblick	13,2	11,8	13,1	18,9	8,7

Daraus ist ersichtlich, daß in Klagenfurt die relative Veränderlichkeit der Sonnenscheindauer im Sommer von allen Stationen und von allen Jahreszeiten am kleinsten ist. Sie ist sogar kleiner als die relative Veränderlichkeit der Jahressummen, die naturgemäß im allgemeinen kleiner ist als die Veränderlichkeit der Jahreszeitsummen, da sich in der Jahressumme meist gegensinnige Anomalien einzelner Jahreszeiten zum Teil wieder aufheben. Bezeichnend ist aber, daß diese Beständigkeit des Sommers vorwiegend für die Niederung gilt, da im Hochgebirge, wie Obir und Sonnblick zeigen, die relative Veränderlichkeit bedeutend größer ist. Bezeichnend ist andererseits auch, daß die relative Veränderlichkeit der Sonnenscheindauer im Winter in Klagenfurt unter allen Stationen am größten ist, während am benachbarten Obir die Veränderlichkeit in dieser Jahreszeit bedeutend kleiner ist. Dies hängt offenbar damit zusammen, daß im Kärntner Becken Winter mit sehr beständigen Nebel- und Hochnebeldecken mit nebelarmen Winter häufig abwechseln. Die relative Veränderlichkeit der Sonnenscheindauer ist in allen Stationen im Sommer am kleinsten; sie ist im Herbst in der Niederung wesentlich größer, auf den Bergen aber ein wenig kleiner als im Frühling. Dies ist wieder ein Ausdruck dafür, daß im Hochgebirge das Herbstwetter relativ sehr beständig ist.

Einen Überblick über die Veränderlichkeit der Monats- und Jahressummen der Sonnenscheinstunden geben die Häufigkeitsverteilungen von Wien, Innsbruck, Klagenfurt und Sonnblick in Tab. 4. Mit Rücksicht darauf, daß die Beobachtungsreihe von Innsbruck erst 1906 beginnt, wurde die Auszählung für die Jahre 1906 bis 1955 durchgeführt, um streng vergleichbare 50jährige Häufigkeitsverteilungen zu erhalten. Die Tab. 4 zeigt, in welchem Ausmaß die einzelnen Monats- und Jahressummen der Sonnenscheinstunden um die langjährigen Mittelwerte streuen und mit welcher Häufigkeit verschieden große Abweichungen vorkommen.

Tabelle 4. Häufigkeitsverteilung der Monats- und Jahressummen der Sonnenscheindauer in den 50 Jahren 1906 bis 1955

Wien:

Stunden	Jan.	Febr.	März	April	Mai	Juni	Juli	Aug.	Sept.	Okt.	Nov.	Dez.	Stunden	Jahr
1— 20	1	1	—	—	—	—	—	—	—	—	—	5	1551—1600	2
21— 40	5	3	—	—	—	—	—	—	—	1	7	20	1601—1650	2
41— 60	28	7	1	—	—	—	—	—	—	2	23	18	1651—1700	5
61— 80	14	16	1	—	—	—	—	—	—	1	15	6	1701—1750	7
81—100	2	11	7	1	—	—	—	—	2	9	5	1	1751—1800	8
101—120	—	5	8	6	—	—	—	—	1	11	—	—	1801—1850	2
121—140	—	6	14	3	—	—	—	—	3	13	—	—	1851—1900	3
141—160	—	1	7	5	2	1	—	—	7	4	—	—	1901—1950	7
161—180	—	—	5	8	1	2	—	—	8	7	—	—	1951—2000	6
181—200	—	—	2	10	7	2	1	9	8	2	—	—	2001—2050	4
201—220	—	—	3	8	9	7	4	5	9	—	—	—	2051—2100	—
221—240	—	—	1	6	11	18	10	4	6	—	—	—	2101—2150	3
241—260	—	—	1	2	4	10	7	12	6	—	—	—	2151—2200	—
261—280	—	—	—	—	11	8	8	8	—	—	—	—	2201—2250	—
281—300	—	—	—	—	3	3	14	11	—	—	—	—	2251—2300	1
301—320	—	—	—	1	2	1	4	1	—	—	—	—	—	—
321—340	—	—	—	—	—	2	1	—	—	—	—	—	—	—
341—360	—	—	—	—	—	1	1	—	—	—	—	—	—	—

Innsbruck:

Stunden	Jan.	Febr.	März	April	Mai	Juni	Juli	Aug.	Sept.	Okt.	Nov.	Dez.	Stunden	Jahr
1— 20	—	—	—	—	—	—	—	—	—	—	—	—	1300—1350	1
21— 40	4	—	—	—	—	—	—	—	—	—	—	7	1351—1400	—
41— 60	12	2	—	—	—	—	—	—	—	—	6	24	1401—1450	—
61— 80	19	8	1	—	—	—	—	—	—	3	15	12	1451—1500	—
81—100	10	16	1	—	—	—	—	—	1	4	16	5	1501—1550	6
101—120	5	9	6	6	2	—	—	—	2	6	10	2	1551—1600	4
121—140	—	9	6	10	2	5	1	2	6	9	2	—	1601—1650	6
141—160	—	5	16	12	7	4	5	5	15	12	1	—	1651—1700	6
161—180	—	1	9	6	8	13	8	7	7	12	—	—	1701—1750	3
181—200	—	—	6	8	12	8	12	9	9	4	—	—	1751—1800	5
201—220	—	—	4	7	11	10	9	14	5	—	—	—	1801—1850	8
221—240	—	—	—	1	4	7	6	9	5	—	—	—	1851—1900	6
241—260	—	—	1	—	3	2	6	4	—	—	—	—	1901—1950	1
261—280	—	—	—	—	1	1	3	—	—	—	—	—	1951—2000	2
281—300	—	—	—	—	—	—	—	—	—	—	—	—	2001—2050	2

Klagenfurt:

Stunden	Jan.	Febr.	März	April	Mai	Juni	Juli	Aug.	Sept.	Okt.	Nov.	Dez.	Stunden	Jahr
1— 20	2	—	—	—	—	—	—	—	—	—	—	7	1501—1550	—
21— 40	9	1	—	—	—	—	—	1	—	—	11	21	1551—1600	2
41— 60	13	3	—	—	—	—	—	—	—	1	14	16	1601—1650	3
61— 80	13	4	1	—	—	—	—	—	—	1	19	4	1651—1700	5
81—100	8	15	1	1	—	—	—	1	1	11	3	2	1701—1750	5
101—120	4	9	7	4	—	—	—	—	—	17	2	—	1751—1800	3
121—140	—	6	6	5	1	2	—	—	6	10	1	—	1801—1850	9
141—160	1	6	13	8	5	1	—	2	8	7	—	—	1851—1900	2
161—180	—	4	4	11	4	2	1	1	12	1	—	—	1901—1950	6
181—200	—	2	10	5	6	5	—	2	12	1	—	—	1951—2000	9
201—220	—	—	5	7	11	7	7	5	5	1	—	—	2001—2050	3
221—240	—	—	—	4	10	12	9	13	1	—	—	—	2051—2100	1
241—260	—	—	2	5	8	11	14	7	3	—	—	—	2101—2150	1
261—280	—	—	1	—	4	6	8	12	1	—	—	—	2151—2200	—
281—300	—	—	—	—	1	2	8	6	—	—	—	—	2201—2250	—
301—320	—	—	—	—	—	2	2	1	—	—	—	—	2251—2300	1
321—340	—	—	—	—	—	—	1	—	—	—	—	—	—	—

Sonnblick:

Stunden	Jan.	Febr.	März	April	Mai	Juni	Juli	Aug.	Sept.	Okt.	Nov.	Dez.	Stunden	Jahr
21— 40	1	1	—	2	1	—	—	—	—	—	—	1	1201—1250	—
41— 60	2	2	1	1	—	2	—	—	—	—	3	4	1251—1300	2
61— 80	9	6	1	4	2	—	—	—	—	7	8	14	1301—1350	—
81—100	8	13	6	12	5	2	2	1	4	1	8	10	1351—1400	6
101—120	13	4	7	11	4	11	4	6	3	7	12	8	1401—1450	2
121—140	8	5	12	4	10	5	6	5	13	6	10	8	1451—1500	2
141—160	5	7	6	3	12	8	10	10	11	8	5	4	1501—1550	2
161—180	3	8	8	8	5	4	8	5	7	11	3	1	1551—1600	5
181—200	1	3	4	2	5	9	10	8	7	3	—	—	1601—1650	4
201—220	—	1	2	1	4	6	3	7	4	7	1	—	1651—1700	6
221—240	—	—	3	2	2	2	4	6	1	—	—	—	1701—1750	9
241—260	—	—	—	—	—	1	1	2	—	—	—	—	1751—1800	4
261—280	—	—	—	—	—	—	2	—	—	—	—	—	1801—1850	3
281—300	—	—	—	—	—	—	—	—	—	—	—	—	1851—1900	2

Zum Abschluß soll Tab. 5 in der Zusammenstellung aller zehnjährigen Mittelwerte der sechs Stationen einen Einblick in die Veränderlichkeit derartiger Mittelwerte geben. Es ist daraus ersichtlich, daß zehnjährige Mittelwerte für die Beurteilung der durchschnittlichen Sonnenscheinverhältnisse unserer Gebiete noch nicht ausreichen, da ihre Abweichungen untereinander noch zu groß sind. So schwanken zum Beispiel die zehnjährigen Mittelwerte der Jahressummen in Wien noch zwischen 1740 und 1937 Stunden, auf dem Obir zwischen 1672 und 1833 Stunden und auf dem Sonnblick sogar zwischen 1458 und 1764 Stunden. Dabei sind bei dieser Zusammenstellung wegen der Bezugnahme auf die einzelnen Dezennien wahrscheinlich nicht einmal die größten bzw. die kleinsten zehnjährigen Mittelwerte erfaßt. Die zehnjährigen Mittel der Tab. 5 vermitteln auch einen Einblick in die langjährigen Schwankungen der Monatssummen der Sonnenscheinstunden in den einzelnen Monaten, die, wie man sieht, recht beträchtlich sind.

Tabelle 5. Zehnjährige Mittelwerte der Sonnenscheinstunden

	Jan.	Febr.	März	April	Mai	Juni	Juli	Aug.	Sept.	Okt.	Nov.	Dez.	Jahr
Wien:													
1881—1890	69	87	126	171	248	238	272	241	167	96	63	45	1823
1891—1900	54	81	137	176	225	240	265	251	191	124	67	54	1865
1901—1910	65	68	123	167	233	241	266	240	167	115	71	39	1795
1911—1920	53	79	116	169	239	238	245	230	181	103	53	34	1740
1921—1930	52	86	148	159	242	236	275	248	174	127	60	39	1846
1931—1940	54	91	145	180	232	269	275	229	191	109	54	45	1874
1941—1950	56	80	144	189	244	246	267	265	208	136	52	50	1937
Kremsmünster:													
1891—1900	53	87	146	172	192	210	236	243	189	115	59	47	1749
1901—1910	70	70	136	162	219	230	241	225	157	110	65	41	1726
1911—1920	49	85	122	159	224	211	216	203	165	101	48	35	1618
1921—1930	44	97	148	155	227	211	244	220	169	108	52	37	1712
1931—1940	45	99	153	167	212	233	231	218	178	96	55	44	1731
1941—1950	59	81	143	182	231	229	249	240	189	120	49	42	1814
Innsbruck:													
1911—1920	68	111	141	159	190	187	187	197	172	130	84	56	1682
1921—1930	71	112	163	151	203	192	219	209	169	143	92	51	1775
1931—1940	69	107	153	149	168	195	208	187	160	130	88	68	1682
1941—1950	74	103	158	178	205	205	221	209	187	154	79	66	1739
Klagenfurt:													
1891—1900	67	122	153	158	192	223	265	248	178	110	51	59	1826
1901—1910	72	91	138	163	210	223	247	243	163	102	64	29	1745
1911—1920	62	125	156	166	227	217	246	245	179	119	62	39	1843
1921—1930	58	101	157	160	222	244	260	239	161	130	58	45	1835
1931—1940	59	116	158	178	201	235	269	225	175	112	52	42	1822
1941—1950	75	120	179	197	213	238	247	255	188	126	55	43	1936

	Jan.	Febr.	März	April	Mai	Juni	Juli	Aug.	Sept.	Okt.	Nov.	Dez.	Jahr
Obir:													
1891–1900	107	134	138	139	127	163	205	199	182	125	118	121	1758
1901–1910	130	99	129	127	152	162	198	199	150	132	115	87	1680
1911–1920	106	144	127	126	161	159	188	199	156	120	98	88	1672
1921–1930	113	122	143	117	164	173	213	227	152	143	98	97	1762
1931–1940	103	125	136	133	142	173	205	185	165	125	103	98	1693
1941–1950	120	124	164	159	159	179	197	207	178	146	105	95	1833
Sonnblick:													
1891–1900	107	129	131	129	106	132	170	157	154	128	132	121	1596
1901–1910	113	84	111	110	131	138	158	164	137	131	106	75	1458
1911–1920	107	139	125	114	149	153	158	168	156	140	104	83	1596
1921–1930	109	133	154	105	141	149	189	187	140	155	106	103	1671
1931–1940	107	131	141	116	132	158	166	154	148	131	116	108	1608
1941–1950	111	111	157	152	160	170	187	179	171	157	104	105	1764

Literatur

[1] Inge Dirmhirn, Untersuchungen der Himmelsstrahlung in den Ostalpen mit besonderer Berücksichtigung ihrer Höhenabhängigkeit. Arch. Met. Geoph. Biokl. Serie B, *II*. 301 (1951).
[2] F. Steinhauser, Über die Abhängigkeit der Sonnen- und Himmelsstrahlung von der Höhe in den Ostalpen. Annalen d. Meteorologie 1951, S. 109.
[3] F. Sauberer und Inge Dirmhirn, Die Bedeutung des Strahlungsfaktors für den Gletscherhaushalt. Wetter und Leben, 2, 248 (1950).
[4] F. Steinhauser, Über die Beziehungen zwischen Sonnenscheinregistrierungen und Bewölkungsschätzungen und ihre Verwertungsmöglichkeit für die Berechnung der Sonnenscheindauer aus Bewölkungsbeobachtungen. Wetter und Leben 6, 139 (1954).
[5] F. Steinhauser, Die Verteilung der Besonnung in Österreich im Frühling, Sommer, Herbst und Winter (mit 4 mehrfarbigen Karten im Maßstab 1:1,500.000). Statistische Nachrichten, Jg. X., Nr. 10, Wien 1955.

Über die Schneeumlagerung durch den Wind

Ein Beitrag zur Frage der Beurteilung der Leistungsfähigkeit von Niederschlagstotalisatoren im Hochgebirge

Von H. Hoinkes, Innsbruck

Mit 1 Bildtafel und 1 Textabbildung

Die wichtige Frage, welches Gewicht den Meßergebnissen von Niederschlagstotalisatoren im Hochgebirge, oberhalb der Baumgrenze, beizulegen ist, ist noch nicht restlos geklärt. Die Meinungen gehen von „viel zu wenig" bis „viel zu viel" diametral auseinander [3]; beide Urteile können richtig sein und sagen dennoch über die Brauchbarkeit der Totalisatoren allgemein nicht viel aus. Es versteht sich von selbst, daß nur die Ergebnisse gut betreuter und den weitgehend bekannten Störungen des Kleinreliefs nicht zu stark ausgesetzter Sammler diskutiert werden können.

Die Grundlage für die folgenden Betrachtungen liefern die Ergebnisse einiger Totalisatoren, die vom Österreichischen Alpenverein dankenswerterweise im Einzugsgebiet der Rofenache im zentralen Ötztal, vorwiegend im Gebiet des Hintereisferners, aufgestellt worden sind. Eine Bearbeitung der Meßergebnisse bis zum Jahre 1953 liegt vor [4]; ihr kann entnommen werden, daß das innere Ötztal ein extremes Trockengebiet ist. Reduziert auf die 30jährige Reihe 1926/27 bis 1955/56 des ältesten Totalisators Hintereisferner (2970 m), ergeben sich folgende mittlere Jahreswerte des Niederschlages für das hydrologische Jahr 1. Oktober bis 30. September:

Vent	Hochjochhospiz	Proviantdepot	Saikogelgrat	Hintereisferner
1900 m	2360 m	2780 m	2880 m	2970 m
690 mm	880 mm	1020 mm	1130 mm	1360 mm

Die Ergebnisse decken sich in der Größenordnung mit den früher von E. Ekhart [2] mitgeteilten, die gelegentlich als Musterbeispiel für die Unzulänglichkeit der Niederschlagsmessung im Hochgebirge angeführt worden sind [6]. Gestützt auf überaus wertvolle Beobachtungen der Schneehöhen auf Gletschern des Sonnblickgebietes, fordert H. Tollner [7] einen Jahresniederschlag in den zentralalpinen Gletschergebieten bei etwa 3000 m Höhe von rund 3000 mm als Voraussetzung für eine alpine Vergletscherung. Das ist gut doppelt soviel, als die Messungen im Ötztal ergeben, deren Fehlbetrag nach einer vorsichtigen Schätzung [4] etwa 10 bis 20% der Jahressumme kaum übersteigen dürfte.

Es besteht hier und auch sonst vielfach eine scharfe Diskrepanz zwischen den Ergebnissen der den Niederschlag messenden Meteorologen und der den Abfluß oder den Eishaushalt der Gletscher kontrollierenden Glaziologen und Hydrologen. Sie ist auf den Umstand zurückzuführen, daß gut aufgestellte und geschützte Totalisatoren im wesentlichen nur den fallenden Niederschlag aufspeichern und über die gleichzeitige oder nachträgliche Verfrachtung des Schnees durch den Wind keine oder nur undefinierte Angaben machen können. Für die Glaziologie und für die Hydrologie ist es aber vor allem wichtig zu wissen, was an festem Niederschlag abgelagert wird. Der abgelagerte feste Niederschlag in einem bestimmten Einzugsgebiet muß wegen der Schneeumlagerung durch den Wind mit dem dort gefallenen festen Niederschlag durchaus nicht identisch sein. Wir wissen über den wichtigen Vorgang der Schneeumlagerung durch Wind und seine quantitativen Auswirkungen überhaupt noch sehr wenig, aber wir müssen ihn als Realität anerkennen und gründlich studieren; Anfänge dazu verdanken wir der Pionierarbeit von O. Lütschg [5].

Bei der Verfrachtung des Schnees durch den Wind muß man zwei grundverschiedene Prozesse unterscheiden, die einzeln oder gemeinsam, gleichzeitig mit dem Schneefall oder nachher stattfinden können. Fällt der Schnee bei starkem Höhenwind, in einem Gebirgstal also bei starker, fast sprunghafter Zunahme der Windgeschwindigkeit mit der Höhe, dann wird von den windexponierten Bergkämmen und Luvhängen in Böen dauernd bereits abgelagerter Schnee wieder aufgewirbelt und von der starken Höhenströmung weithin über das Tal verfrachtet. In der ruhigeren Talatmosphäre fällt dieser Schnee zu Boden, ohne daß man festzustellen vermöchte, welcher Teil des relativ ruhig fallenden Schnees direkt aus den Wolken stammt und welcher bereits einmal oder mehrere Male abgelagert war. Diese Art der Schneeverfrachtung durch Wind findet wohl zumeist während des Schneefalles statt und nur gelegentlich kann man sie nach Aufhören des Schneefalles direkt sehen. Ein gutes Beispiel dafür gibt die Bildtafel, die den Gipfel der Jungfrau (4158 m, Berner Oberland) am 7. April 1956, unmittelbar nach einem mehrtägigen Schneesturm aus Nordwest, zeigt. Von den Graten und Felsflanken wird immer noch Schnee in großer Menge aufgewirbelt und weithin über das Firnbecken des Aletschgletschers verfrachtet; es ist nicht zweifelhaft, daß zur Zeit des stärksten Schneesturmes der gleiche Prozeß noch intensiver erfolgt ist, ohne daß man ihn hätte sehen können. Im Bereich der Firnbecken oder der Hochtäler aufgestellte Niederschlagssammler werden somit stets zu einem gewissen Teil derartig umgelagerten Schnee auffangen.

Die zweite Art der Verfrachtung des Schnees durch Wind ist das sogenannte Schneefegen, das am wirksamsten in den bodennahen Schichten unterhalb einer Höhe von etwa 2 m erfolgt. Das Schneefegen findet bereits während des Schneefalles, aber vorwiegend erst danach, bei klarem, kaltem Wetter statt, solange der gefallene Schnee noch locker ist. Auch die auf allen geneigten Schneeflächen bei ruhiger, klarer Großwetterlage auftretenden Schwerewinde verfrachten den Schnee in einer allerdings meist nur dünnen

Schicht von wenigen Dezimeter Höhe von allen Hängen in die flachen Mulden. Auf Abb. 1 ist im Mittelgrund ein solcher Schneetransport vor den dunklen Hängen des Trugberges am oberen Jungfraufirn am 8. April 1956 zu erkennen. Die so verfrachteten Schneemengen können von einem Totalisator normalerweise nicht aufgefangen werden. Wahrscheinlich ist die Schneeverfrachtung durch Schneefegen quantitativ wirksamer. Wenn nicht bei verschiedenen Windrichtungen Zu- und Abtransport von Schnee an

Abb. 1. Blick vom oberen Jungfraufirn gegen den Trugberg (3933 m) am 8. April 1956 (Photo H. Hoinkes).

einem bestimmten Punkt im Gelände sich ausgleichen, kann eine Übereinstimmung zwischen dem Wassergehalt der Schneedecke und dem Inhalt des Totalisators nicht erwartet werden, selbst wenn der Totalisator ideal fehlerfrei wäre. Auch eine Aufstellung der Totalisatoren auf den Firnflächen selbst, die gelegentlich versucht worden ist, kann hier keine Abhilfe schaffen.

Es hat also wenig Sinn, im Hochgebirge an einem direkt aus den Wolken gefallenen Niederschlag festhalten zu wollen, den man während des Winterhalbjahres wegen der ersten Art der Schneeverfrachtung durch Wind nicht messen kann und der mit dem Eishaushalt und mit dem Abfluß nicht übereinstimmt. Der komplexe Vorgang Schneefall plus gleichzeitige und nachträgliche Umlagerung des Schnees durch den Wind muß als Einheit aufgefaßt werden. Der repräsentative Niederschlagswert eines genügend großen Einzugsgebietes im Hochgebirge für einen Zeitabschnitt ohne flüssigen Niederschlag muß gleich sein der dort abgelagerten mittleren Schneedecke. Auch auf den großen Inlandeismassen der Polargebiete ist eine Trennung von unmittelbarem Schneefall und Schneeverfrachtung durch den Wind nicht durchführbar. Es gibt dort keine andere Möglichkeit der Niederschlagsmessung als das Studium der Schneeablagerungen. Auch dort muß die Schneeverfrachtung durch den Wind quantitativ studiert werden, da dieser Prozeß oft eine wirksame Form der Ablation darstellt und für den Massenhaushalt weiter Gebiete von Bedeutung ist. In dieser Beziehung bestehen viele Ähnlichkeiten zwischen den Verhältnissen in den Polargebieten und denen im winterlichen Hochgebirge. Da viele Stellen im Hochgebirgsgelände auch im Winter fast stets schneefrei sind, muß notwendigerweise an anderen mehr Schnee liegen, als gefallen ist. Die Aufgabe besteht darin, repräsentative Werte von Höhe und Dichte für die Schneedecke im Hochgebirge zu bestimmen, bevor ein Abfluß aus der Schneedecke eingesetzt hat. Davon kann man sich durch Temperaturmessungen in der Schneedecke leicht überzeugen. Solange noch irgendwelche Schichten innerhalb der Schneedecke einen gewissen Kältegehalt haben, muß das von der Oberfläche versickernde Schmelzwasser im Innern der Schneedecke wieder frieren; die dabei frei werdende Schmelzwärme kompensiert einen Teil des Frostbetrages. Dieser Vorgang wiederholt sich so lange, bis die ganze Schneedecke von den charakteristischen Eislagen durchzogen und isotherm auf Null Grad angelangt ist; erst dann beginnt der Abfluß aus der Schneedecke. Ein Abbau der Schneedecke bereits während des Winters durch Schmelzung von unten her [8] wird im Hochgebirge kaum mehr vorkommen; Fehler dieser Art sind daher nicht zu befürchten.

Ab Winter 1953/54 haben wir im Gebiet des Hintereisferners in den Ötztaler Alpen systematische Studien der Winterschneedecke in der Nachbarschaft der Totalisatoren durchgeführt, deren Ergebnisse interessant genug erscheinen, um hier kurz diskutiert zu werden. Anfang April und bei den höher gelegenen Sammlern noch einmal Anfang Juni wurde die Schneedecke aufgegraben, nachdem zunächst mit einer Lawinensonde eine repräsentative Stelle gefunden worden war. Mit dieser Sonde werden auch größere Schneetiefenprofile im Gelände aufgenommen. Das mühsame Aufgraben der Schneedecke ist unerläßlich, wenn man gute Werte für Dichte, Struktur und Temperaturverteilung erhalten will; die Schneedecke wird dann mit einem kurzen Zylinder ihrem natürlichen Aufbau nach abgestochen und durch Wägung der Wasserwert des Schnees bestimmt.

Die nachfolgende Tabelle zeigt zum Vergleich die Wassermenge im Totalisator und in der Schneedecke für gleiche Zeitabschnitte sowie die mittlere Dichte der Schneedecke. Während der Inhalt der einzelnen Totalisatoren im Winterhalbjahr, wenn man so sagen darf, vernünftig mit der Höhe zunimmt, zeigt der Wassergehalt der Schneedecke in jedem Jahr einen bemerkenswerten Sprung auf mehr als den doppelten Betrag. Dieser Sprung tritt ein zwischen den Sammlern Proviantdepot (2780 m) bzw. Saikogelgrat (2880 m) und dem nur unerheblich höher gelegenen Sammler Hintereisferner (2970 m). Die beiden erstgenannten Sammler stehen im aperen geneigten Gelände (vgl. die Lagebeschreibung in [4]), beim letzteren wurde die Schneedecke etwa 200 m horizontal vom Totalisator entfernt und etwa 20 m tiefer am flachen Gletscher untersucht. Auch auf den tieferen Teilen der Zunge des Hintereisferners wurde bei den regelmäßig durchgeführten Aufgrabungen stets mehr Schnee angetroffen als im geneigten Gelände zu beiden Seiten des Gletschers.

Drückt man den Inhalt des Totalisators in Prozenten des Wassergehaltes der Schneedecke aus, dann erhält man bei den Sammlern im unvergletscherten, geneigten Gelände in zwei Wintern Werte zwischen 89 und 96%, also in den Totalisatoren nur unerheblich weniger als in der Schneedecke. Tatsächlich wird in diesem Falle der Fehlbetrag der Totalisatoren etwas größer sein, da durch den Überschuß der Verdunstung über die Kondensation während des Winters ein gewisser Teil der Schneedecke aufgezehrt worden ist. Anderseits gewährt besonders bei reichlichen festen Niederschlägen das Paraffinöl keinen vollkommenen Verdunstungsschutz für den Inhalt des Totalisators. Der Einfluß der Verdunstung sollte aber nicht überschätzt werden, wie das in den meisten Fällen geschieht. Im Winter 1955/56 war durch starke Winderosion der Schneedecke der Inhalt der Totalisatoren um 31 bis 47% größer, an einer Stelle hat der Wassergehalt der Schneedecke nur ein Viertel des Totalisatorinhalts betragen. Nur beim Sammler Hintereisferner, der seit dem Jahre 1926 unmittelbar am Rand des dort etwa 1 km breiten, fast ebenen Gletschers steht, herrschen ganz andere Verhältnisse: hier enthält der Totalisator am Ende des Winterhalbjahres nur 49 bis 66% des Wassers, das in der Schneedecke gebunden ist; auch zu Anfang Juni ist in der Schneedecke dort noch doppelt soviel Wasser vorhanden. Gleichzeitig stimmt aber der Inhalt etwa gleich hoch gelegener Sammler im unvergletscherten Gelände mit dem Wasserwert der dort liegenden Schneedecke recht gut überein.

Daraus muß geschlossen werden, daß **auf den Gletschern mehr Schnee liegt, als gefallen ist.** Die Gletscher bilden sich in den Großmulden des Geländes, die vorwiegend Ablagerungsgebiete für den Treibschnee sind [9]. Jeder Winterbergsteiger weiß, daß man nur selten schneefrei geblasene Gletscher sieht, es sei denn an scharfen Geländekanten mit Eisbrüchen oder in Windgassen zwischen Moräne und Gletscherzunge. Es ist auch bekannt, daß die temporäre Schneegrenze auf Gletschern stets tiefer liegt als im unvergletscherten Gelände. Das ist wohl nur zum kleinsten Teil einer abkühlenden Wirkung der Gletscher auf die Lufttemperatur zuzuschreiben [1]; auch durch die Schneedecke hindurchdringende Strahlung, die am dunklen Boden absorbiert wird, kann den Abbau der Schneedecke durch Schmelzung von unten her erst beschleunigen, wenn diese dünner geworden ist als etwa 30 cm. Weit mehr dürfte der Umstand dazu beitragen, daß auf den Gletschern meist mehr Schnee liegt als im umgebenden Felsgelände. Dieses geneigte Gelände als Herkunftsort des Treibschnees ist auch in seiner Horizontalprojektion durchaus nicht gegen die „weiten Gletscherflächen" zu vernachlässigen. Geländeformen, bei denen das der Fall ist, gehören in den Alpen zu den Ausnahmen, wie etwa das Firngebiet des Gepatschferners in den Ötztaler Alpen.

Es zeigt sich aus diesen Beobachtungen, daß man aus der auf den Gletschern abgelagerten Schneemenge nicht ohne weiteres auf die Niederschlagsmenge schließen darf. Die Schneeumlagerung durch den Wind begünstigt im großen gesehen die Firnbecken und Gletscherzungen (ausgenommen deren steilere Teile) und benachteiligt die geneigte Felsumrahmung der Gletscherbecken. Dadurch können auf engem Raum sehr bedeutende Unterschiede in der abgelagerten Schneemenge entstehen, die für die Glaziologie von großer Bedeutung sind, die aber auf keinen Fall als reelle Unterschiede in der Niederschlagsmenge interpretiert werden dürfen. In einem genügend großen Gebiet, etwa dem Einzugsgebiet der Rofenache bei Vent oder einer ganzen Gebirgsgruppe, müssen sich diese Unterschiede jedoch weitgehend ausgleichen. Die mittlere Schneedecke eines solchen Gebietes ist ohne Zweifel ein Maß für den festen atmosphärischen Niederschlag, solange kein Abfluß aus der Schneedecke eingesetzt hat. Es bedarf dringend weiterer gründlicher Studien der Winterschneedecke im Hochgebirge, um die bisherigen Ergebnisse zu festigen und neue zu gewinnen. Sicher ist heute nur, daß eine Diskrepanz zwischen dem Inhalt des Totalisators und dem Wasserwert der Schneedecke nicht als Unbrauchbarkeit des Totalisators interpretiert werden muß.

Für selbstlos geleistete Hilfe bei diesen oft unbequemen Untersuchungen dankt der Verfasser besonders seiner Frau und seinem Freunde Fridolin Purtscheller, dem Österreichischen Hydrographischen Dienst und der Studiengesellschaft Westtirol für die Förderung durch finanzielle Beihilfen.

Tabelle 1. Wassermenge (mm) im Totalisator und in der Schneedecke

	Hochjochhospitz 2360 m	Proviantdepot 2780 m	Saikogelgrat 2880 m	Hintereisferner 2970 m	
Winter 1953/54 ..	16. X. 53 bis 1. VI. 54	16. X. 53 bis 7. VI. 54	29. X. 53 bis 7. VI. 54	31. X. 53 bis 8. VI. 54	
Im Totalisator ...	404 mm	455 mm	470 mm	620 mm	
In d. Schneedecke	¹)	¹)	500 mm	1100 mm	
Tot. = % der Schneedecke ..	—	—	94%	56%	
Mittl. Dichte der Schneedecke ..	—	—	0,45	0,50	
Winter 1954/55 ..	8. X. 54 bis 8. IV. 55	9. X. 54 bis 10. IV. 55	1. X. 54 bis 9. IV. 55	17. X. 54 bis 7. IV. 55	29. V. 55
Im Totalisator ...	396 mm	424 mm	433 mm	500 mm	670 mm
In d. Schneedecke	444 mm	450 mm	450 mm	1014 mm	1325 mm
Tot. = % der Schneedecke ..	89%	94%	96%	49%	51%
Mittl. Dichte der Schneedecke ..	0,483	0,423	0,346	0,437	0,473
Winter 1955/56 ..	27. IX. 55 bis 20. III. 56	26. IX. 55 bis 19. III. 56	27. IX. 55 bis 29. III. 56	14. X. 55 bis 28. III. 56	2. VI. 56
Im Totalisator ...	280 mm	336 mm	318 mm	490 mm	690 mm
In d. Schneedecke	213 mm	83 mm	216 mm	470 mm	1281 mm
Tot. = % der Schneedecke ..	131%	400%	147%	66%	54%
Mittl. Dichte der Schneedecke ..	0,275	0,252	0,300	0,374	0,495

¹) Schneedecke nicht mehr geschlossen.

Literaturverzeichnis

[1] E. v. Drygalski und F. Machatschek, Gletscherkunde, Wien 1942.
[2] E. Ekhart, Beitrag zur Kenntnis der Niederschlagsverhältnisse der Hochalpen. Zeitschr. f. angew. Meteorol. 56, 311, 1939.
[3] J. Grunow, Probleme der Niederschlagsforschung und ihre Bedeutung für die Wirtschaft. Festschr. z. 65. Geb. Dr. R. Benkendorff, 1955.
[4] H. Hoinkes, Neue Niederschlagszahlen aus den zentralen Ötztaler Alpen. 49.—50. Jahresber. d. Sonnblick-Vereines f. d. Jahre 1951—1952, 19, 1954.
[5] O. Lütschg, Zum Wasserhaushalt des Schweizer Hochgebirges I, 1. Teil, 3. Abt. 7. Kap. Die Bedeutung des Schneetransportes durch den Wind (Windverfrachtung) im Wasserhaushalt des Schweizer Hochgebirges. Zürich 1949.
[6] H. Tollner, Zum Problem Eishaushalt und Niederschlag im Hochgebirge. Mitt. d. Geogr. Gesellschaft Wien, 90, 3, 1948.
[7] H. Tollner, Schneeverhältnisse im Gebiet des Rauriser Sonnblicks. 49.—50. Jahresber. d. Sonnblick-Vereines f. d. Jahre 1951—1952, 28, 1954.
[8] Th. Zingg, Wasserwert und Abbau der Schneedecke. Verh. d. Schweizer. Naturforsch. Ges. Davos, 144, 1950.
[9] Th. Zingg, Klimatische Schneegrenze und Winterniederschläge. Verh. d. Schweizer Naturforsch. Ges. Lausanne, 115, 1949.

Bericht über die Eisstände der Gletscher der Großglockner- und Sonnblickgruppe im Frühherbst 1954, 1955 und 1956

Von Hanns Tollner, Salzburg

Die Gletscheruntersuchungen im Glocknergebiet erfolgten auf Veranlassung der Tauernkraftwerke A. G. und jene im Bereich des Rauriser Sonnblicks im Auftrag des Sonnblick-Vereines. Für die Ermöglichung dieser gletscherkundlichen Arbeiten, die in den drei Berichtsjahren Ergebnisse zeitigten, wie sie schon lange nicht mehr in den Ostalpen beobachtet werden konnten, sei beiden vorerwähnten Stellen gedankt.

Eisstände im September 1954

Infolge der glazialklimatischen Gunst des zentralalpinen Hochgebirgssommers 1954 erlitt der Eishaushalt der Gletscher der Glockner- und Goldberggruppe (Sonnblickgruppe) seit September 1953 keinen oder nur einen geringfügigen Massenverlust. Soweit die Berechnungen und Schätzungen der „Jahresgletscherspende" einzelner Gletscher erkennen ließen, gab es zumindest am Schmiedingerkees des Kitzsteinhornes und am Kleinen Fleißkees des Rauriser Sonnblicks keine Substanzverringerung, sondern einen deutlichen Massenzuwachs. Die Vertikalablation im Zungengebiet und der Schwund in der Horizontalen wurden dort durch die Firnrücklagen in den Speicherräumen mehr als wettgemacht.

Dem strahlungsarmen Sommerverlauf entsprechend erreichten die Maximalhöhen der unteren Firngrenzen nicht die Durchschnittshöhen der letzten 50 Jahre. Die Firnlinien blieben je nach der Exposition in Höhen zwischen 2600 und 2900 m. An Niederschlägen waren im Untersuchungsgebiet vom September 1953 bis September 1954 etwas übernormale Mengen gefallen.

In knapp über 3000 m Seehöhe wurden Jahresfirnrücklagen (Ablagerung seit September 1953) bis zu 2½ m Mächtigkeit mit einer Dichte von etwas über 0,6 (mehr als 600 Liter Wasser pro Kubikmeter) festgestellt. In 28 Profilen wurde die Firnschneedichte in verschiedenen Seehöhen mit rund 0,6 ermittelt. Im Vergleich zu langjährigen Werten [1, 2] erwies sich der Wassergehalt der Jahresfirnrückstände als schwach unternormal.

Die Zungenverlagerungen der Gletscher innerhalb des Ablaufes eines Jahres erschienen recht unterschiedlich. Ein Dickerwerden der Gletscherzungen wurde im Glocknergebiet nicht beobachtet. Das Fleißkees hingegen ließ in einem Querprofil in 2600 m Höhe an der linken Seite praktisch kein Einsinken des Eiskörpers erkennen. Im Jahre 1951 wurden an diesem Gletscher erstmalig in den ganzen Ostalpen Symptome für ein Anschwellen der Gletscherzunge erkannt, eine Erscheinung, die auch 1952 die Pasterze im Querprofil Hofmannshütte—Adlersruhe an einigen Punkten andeutete [3].

Die Ernährungsverhältnisse in höheren Lagen der Firnfelder mit Auflagen bis zu 8 m Mächtigkeit und einer Dichte von rund 0,7 seit dem Katastrophensommer 1947 hatten sich 1954 gegenüber dem Vorjahr weiter gebessert.

Gletscherverhalten im Glockner- und Sonnblickgebiet im September 1954

Schmiedingerkees: Zungenrückgang an den Marken A und B je 2,4 m. Firnzuwachs bei den Marken H um 1,4, bei E um 1,2, bei Fb um 1,0, bei P um 1,8 m. Jahreswert der Firnrücklagen in Höhenlagen zwischen 2800 und 3100 m zwischen 177 und 193 cm.

Karlingerkees: Rückgang der Zunge um mehr als 20 m und Verfall des Zungenendes überhaupt. Firnrücklagen mit wachsender Seehöhe von 30 bis über 200 cm ansteigend.

Oberster Pasterzenboden: In Höhenlagen von über 3000 m Jahresfirnrückstände zwischen 180 und 224 cm.

Klockerinkees: Zungenrückgang 17 m. Verhältnisse dort durch künstliche Eingriffe im Zusammenhang mit Bauarbeiten gestört.

Kleines Fleißkees: Rückgang der Zunge bei Marke A um 10,1, bei B um 4,1 m. Firnauflage bei der Pilatusscharte 25, bei Fleißpegel 137 und in der Fleißscharte 146 cm.

Großes Goldbergkees: Zurückweichen der Zunge bei A um 10,1, bei 22 um 6,1, bei 23 um 3,1, bei C 2 um 5,7, bei C um 4,6 m. Im Firngebiet bei Wasserfels Zuwachs von 20, auf Felsinsel bei II von 43, bei VIII von 10, bei VII von 20 cm und Abtrag bei IX von 70 cm.

Wurtenkees: Zungenrückgang bei Marke D von 5,6 m, bei B um 11,3 und 8,1 m (Messungen nach zwei Richtungen).

Kleines Sonnblickkees: Rückgang des Gletscherendes bei A um 10,0 m. Vorstoß bei Marke B (vom Eis überfahren).

Eisstände im September 1955

Durch die glazialklimatischen Verhältnisse des Bergsommers 1955 begünstigt, erlitten die Gletscher der Großglocknergruppe und des Sonnblickgebietes innerhalb des Glazialjahres September 1954 bis September 1955 keinerlei Massenverluste. Sie konnten im Gegenteil ihre Eissubstanz teilweise sogar beträchtlich durch ansehnliche Firnaufspeicherungen vermehren. Während die Zungen der großen, tief herabreichenden Gletscher noch zurückgingen — allerdings wesentlich geringer als im Vorjahr —, stießen die kleineren, höher endenden vereisten Areale beinahe ausnahmslos vor. Das Vorrücken der kleineren Gletscher wurde dadurch verursacht, daß die Zungenenden durch das Nichtabschmelzen der darauf lastenden Firnschneedecke völlig oder die längste Zeit vor Ablation geschützt blieben und die Jahresbewegung des Gletschereises sich zum großen Teil als Vorstoß auswirken konnte. (Die Lageänderung einer Gletscherzunge von einem Jahr zum anderen ist die Resultierende zwischen der gletscherabwärts gerichteten Eisbewegung innerhalb von 12 Monaten und der Größe der Vertikalablation an der Zungenstirn.)

In größeren Höhen der Firnfelder erreichten die Jahresrückstände (Ablagerungen zwischen dem Beginn des Glazialjahres im September 1954 und September 1955) Mächtigkeiten von 2 bis 4 m. Die Dichte der Restfirndecken (= spezifisches Gewicht = Wasserwert) blieb wohl unter dem langjährigen Durchschnittswert dieser Jahreszeit, erreichte aber vielfach doch 0,6. Die Normaldichte des Firns am Ende der Abschmelzperiode = 0,69. Zieht man von dem Substanzgewinn der Gletscher seit dem Herbst des Vorjahres (1954) die Verluste an den Zungen ab, so ergibt sich, daß das Gletscherjahr 1954/55 nicht nur überhaupt keine Gletscherspende, sondern im Laufe von 12 Monaten Niederschläge einbehalten hatte, die für das Gesamtareal der Gletschergebiete mit 15—25% des Niederschlages des Glazialjahres 1954/55 (September 1954 bis September 1955) zu veranschlagen sind.

Sorgfältige geodätische Untersuchungen in einem Querprofil in rund 2600 m auf dem Kleinen Fleißkees des Rauriser Sonnblicks ergaben, daß sein unterer Zungenkörper an der linken Seite nicht mehr eingesunken war, sondern bereits eine Anschwellungstendenz erkennen ließ.

Die Höhen der unteren Firngrenze lagen vor Beginn der neuen Akkumulationsperiode 1955 auf den Gletscherflächen der Großglocknergruppe und des Sonnblickgebietes um 200—300 m unterhalb der mittleren Maximalhöhe. In orographisch günstigen Positionen stieg die Firnlinie im Ablauf des Sommers örtlich nicht einmal bis auf 2600 m an. Als bemerkenswert muß auch gelten, daß die perennierenden Schneefelder des Vorjahres bedeutend größer wurden und überdies neue Schneefelder — von Lawinenresten abgesehen — entstanden.

Im folgenden seien über die Glockner- und Sonnblickgletscher einige Detailangaben in Tab. 2 mitgeteilt.

Verhalten der Glockner- und Sonnblickgletscher im September 1955

Karlingerkees: Es endet bereits als Hängegletscher wie das Schwarzköpflkees, das Bärenkopfkees usw. Der unterhalb der neuen Stirne des Karlingerkeeses zurückgebliebene Eisschild wich in einem Jahr im Durchschnitt um 11 m zurück. Firngrenze 2500 m.

Schwarzköpflkees: Vorstoß der Zunge bei A von 1,2 und 2,2 m (nach zwei Richtungen), Rückgang bei C von 3,2 und bei D von 3,6 m.

Grießkogelkees: An der Zunge die Marken A und B noch unter Firnschnee (dort zweifellos Vorstoß von mehr als 5 m). Vorstoß bei C von 2,3, bei D von 4,5 und bei E von 3,1 m.

Eiserkees: Das Zungenende und alle Marken im Gletschervorland waren noch von Altfirn bedeckt. Die Zunge mußte also in ähnlichem Maße wie das Grießkogelkees vorgerückt sein.

Schmiedingerkees: Zungenrückgang von 8,9 m bei A 1 und 6,6 m bei A 2. In einer Höhe von rund 2400 m sank die Gletscheroberfläche um 20 cm ein. In Höhenlagen von 2600 m gab es bereits Jahresfirnrücklagen von 75 bis 85 cm. In 2700 m Höhe wurden Jahresfirnauflagen zwischen 100 und 350 cm festgestellt. In 2800 m Höhe wurde ein Jahresfirnrest mit 340 cm beobachtet. Ein Schneeprofil in 2850 m zeigte als Rücklage der Ablagerung seit September 1954 eine Firndecke von 190 cm Mächtigkeit mit einer Durchschnittsdichte von 0,59. Ein Schneeprofil in über 2900 m Seehöhe ergab eine Firnauflage von 340 cm und eine Dichte von 0,57. Firngrenze 2550 m.

Klockerinkees: Unter Menschenhand etwas gestört ging es im Mittel um 8 m zurück.

Pasterzengletscher-Firnfeld: In zwei Schneeprofilen auf dem obersten Pasterzenboden (Rifflwinkel) wurden in etwas über 3000 m Höhe 390 und 420 cm mächtige Jahresfirnrücklagen mit einer mittleren Dichte von 0,56 aus sechs Gesamtmessungen festgestellt.

Kleines Fleißkees: Das Zungenende wich innerhalb von 12 Monaten um 5,8 m bei B und um 4,5 m bei A zurück. An der hydrographisch linken Seite der Zunge erwiesen sich in einer Seehöhe von rund 2600 m Stellen praktisch gleich hoch als im September des Vorjahres. In der Nähe der Pilatusscharte in 2900 m Höhe gab es eine Jahresfirnauflage von 350 cm mit einer Dichte von 0,58. An der Pilatusscharte betrug das Anwachsen der Firnfeldoberfläche seit dem September 1954 100 cm. In der Fleißscharte in 2980 m Meereshöhe wurde eine Firnrücklage von 290 cm mit einer Dichte von 0,58 gemessen. Firngrenze 2750 m.

Kleines Sonnblickkees: Die Zunge des Gletschers mußte um etwa 8 m vorgerückt sein. (Die Marken waren vom Eis überfahren.)

Wurtenkees: Die Marke D ließ ein Vorrücken von 0,5 m erkennen. Bei B zeigte die Zunge nach einer Richtung einen Rückgang von 0,3 m und nach der anderen einen Vorstoß von 1,7 m. Firngrenze 2550 m.

Großes Goldbergkees: Vorstoß der Zunge bei Marke 23 von 4,9 m, bei A von 3,6 m, bei C 54 von 1,2 m, bei 22 von 3,8 m, Rückgang bei Marke C 2 von 0,8 m. Im Firngebiet bei Wasserfels Jahresauflage von 3,8 m, bei Felsinsel Zuwachs bei Marke IX von 3,1 m, bei VII und VIII mehr als 3 m (Marken unter dem Firnniveau). Am Ostgrat bei Lislstange mehr als 2 m und bei Marke II mehr als 2,0 m Jahresfirnrücklage. Firngrenze 2750 m.

Eisstände im September 1956

Der Massenhaushalt der Gletscher der Großglocknergruppe und des Sonnblickgebietes hatte dank der auch 1956 ziemlich günstig verlaufenen Witterung seit September 1955 fast überall wieder zugenommen. Wenngleich an einzelnen Gletschern der Substanzzuwachs zweifellos wieder ansehnliche Ausmaße erreichte, blieb der Eisgewinn im Glazialjahr 1955/56 (September 1955 bis September 1956) gegenüber dem vorhergegangenen Glazialjahr 1954/55 nicht unwesentlich zurück.

Die niederschlagsarme und milde Witterung der zweiten August- und ersten Septemberhälfte 1956 ließ noch einen recht ansehnlichen Teil der bis Mitte August vorhandenen Firnrücklagen abschmelzen. Die Speicherräume der hochalpinen Wasserkraftanlagen erzielten bis zum Sommerende zuletzt doch noch bedeutend höhere Zuflüsse als in der gleichen Zeit des Vorjahres.

Die Jahresänderungen der Eisbilanz erwiesen sich im September 1956 auf den untersuchten Gletschern der Großglocknergruppe und im Sonnblickgebiet als etwas unterschiedlich. Die Zungenenden großer Gletscher wichen im Ablauf des verstrichenen Glazialjahres zum Teil kräftig zurück, kleinere Gletscher mit hochgelegenen Zungenstirnen blieben jedoch stationär oder rückten geringfügig vor. Bei diesen wenig weit herabreichenden Gletschern schützte eine Firnschneedecke bis tief in den Sommer hinein die Oberflächen der Gletscherzungen vor stärkerer Ablation, so daß die gletscherabwärts gerichtete Eisbewegung der letzten 12 Monate größtenteils als Zungenvorstoß erschien.

Je nach der Exposition zeigten die Gletscher der Glockner-Sonnblick-Gruppe beträchtliche Unterschiede in der Höhenlage der unteren Firngrenze. Im September 1956 befand sich die Firnlinie mit Untergrenzen zwischen 2500 und 2900 m gebietsweise etwas höher als in der gleichen Zeit des Vorjahres. Alle untersuchten Gletscher waren gegenüber früheren Jahren ungewöhnlich spaltenarm.

Das Niveau der Firnfelder der Glockner- und Sonnblickgletscher erhöhte sich zwischen 1947 und 1956 absolut um einige Dezimeter bis 10 Meter. Als Firnrücklagen des Glazialjahres 1955/56 wurden Firndecken bis zu über 2 m Mächtigkeit mit einer Dichte zwischen 0,60 und 0,69 festgestellt. Im Vergleich zu den Mittelwerten aus früheren Jahren erwies sich die Firndichte im September 1956 als etwas unternormal.

Die Firnfelder konnten sich ebenso wie 1954 und 1955 im Gegensatz zu früheren Jahren bedeutend reiner erhalten, sich auch nach den Seiten etwas ausbreiten und das Areal der aperen Felsgrate als Ursprungsstätten des mineralischen Staubes einengen. Damit verschmutzte die Oberfläche der Firnfelder stellenweise nicht mehr so stark wie früher und vermochte dort für längere Zeit eine relativ hohe Albedo beizubehalten, was die Ablation stark herabsetzte.

Verhalten der Glockner- und Sonnblickgletscher im September 1956

Oberster Pasterzenboden: Jahresfirnrücklagen bis zu über 2 m Mächtigkeit mit einer mittleren Dichte von 0,61. Während dort in früheren Jahren große Spalten vorhanden waren, erschien er im September 1956 ungewöhnlich spaltenarm. Deutliches Ausbreiten der Firnflächen nach vielen Seiten. Die Jahresmassenbilanz 1955/56 des Pasterzengletschers (die Zungenveränderungen erscheinen in den Mitteilungen des Österreichischen Alpenvereins) erwies sich mit 1,2 Mill. m^3 Wasserverlust negativ. (Wasserzufluß in den Möllspeicher Margaritze dementsprechend übernormal.)

Teufelskampkees und Romariswandkopf: Stärkere Eiskalbungen zu beobachten.

Johannisberg-Ostgrat: Mehr vereist als in früheren Jahren.

Wasserfallkees: Positive Massenbilanz 1955/56. Firngrenze klar in 2750 m.

Hofmannskees: Wahrscheinlich geringe Gletscherspende. Firngrenze 2700 m.

Kellersbergkees: Sicher keine Gletscherspende.

Schwerteckkees: Vielleicht geringe Gletscherspende.

Freiwandkees und Südliches Pfandlschartenkees: Wahrscheinlich ansehnliche Gletscherspende.

Karlingerkees. Firngrenze in 2600 m. Gegenüber früheren Jahren recht spaltenarm. Verkleinerung des Rest-Eisschildes vor der neuen Zunge nur um 3 m und Einsinken in der Vertikalen nur 1—2 m. Deutlicher Massengewinn von 1955 auf 1956. Firngrenze 2500 m.

Wintergasse: Über den Firnresten der Periode 1954/55 blieben im September 1956 neuerlich wieder ausgedehnte Firnschneedecken übrig. Geschlossene Schneerinne vom Kapruner Törl bis gegen 2400 m herab. Die unteren Teile des Törlkeeses, die stellenweise bis zur Unkenntlichkeit mit Blockmaterial verschüttet sind, weisen ebenso wie in den früheren Jahren viele Spalten auf. Von den Eisrinnen, die vom Karlingerkees zum Überrest des Törlkeeses ziehen, wird die dem Kapruner Törl zunächst gelegene bald die Firnverbindung mit dem Karlingerkees verlieren. An der Nordwestflanke des Schwarzen Balkens ziehen Altschneefelder in die Wintergasse bis auf 2300 m herab.

Oberes Rifflkees (Totenlöcher) und Unteres Rifflkees: Oberes Kees zweifellos positive Massenbilanz. Unteres Kees wahrscheinlich geringe Gletscherspende.

Schwarzköpflkees: Rückgang der Zungenmarken bei A in Richtung Süd um 0,3 und Richtung Ost um 1,3 m, bei Marken C und D um 4,4 und 2,9 m. Die auf einem großen Felsblock befindliche Marke B wurde bereits im Jahre 1955 von einer mächtigen Lawine überfahren. Dort wird eine Vergrößerung der Gletscherzunge eingeleitet.

Kaindlgrat des Großen Wiesbachhornes: Vor Jahrzehnten durchweg ein Eisgrat — war vor einigen Jahren überwiegend bereits felsig. Gegenwärtig ist er im Begriff, wieder ein Eisgrat zu werden.

Klockerinkees An der rechten Seite Vorstoß um einige Meter. Ein großer Teil der Zunge war bis über das Ende hinaus und über die ehemalige Zubringerstraße hinweg bis in den Stausee mit einem sehr verfestigten Altschneefeld (von Lawinen herrührend) bedeckt.

Eiserkees: Ebenso wie 1955 auch 1956 fast zur Gänze mit Firnschnee bedeckt. Vorstoß des Gletschers nahezu um den Betrag der Jahreseisbewegung. Beträchtlicher Massenzuwachs innerhalb von 12 Monaten. Im Anschluß an den unteren Zungenrand in Gräben stark verfestigte Schneerinnen (Dichte 0,6) bis weit hinunter. Alle Zungenmarken vom Eis überfahren.

Grießkogelkees: Vorstoß bei C mit 3,4 und bei D mit 4,7 m einwandfrei festgestellt. Die Marken A und B unter Eis. Altschneefelder im Anschluß an den Zungenrand bis weit hinunter. Ansehnlicher Jahresmassenzuwachs.

Schmiedingerkees: Rechtes Zungenende wich um 1,8 m zurück. Linkes blieb stationär (+ 0,1 m Jahresveränderung). In Höhenlagen von über 2500 m kein Massenverlust mehr. Jahresauftrag bei A von 1,95 m, bei E von 0,27, bei H in 2800 m 1,5 m, im Firngebiet in 2850 m von 1,2 m und in 2910 m von 2,5 m. Mittlere Dichte der Jahresfirnrücklage 1955/56 rund 0,6. Oberfläche sehr spaltenarm. Beträchtlicher

Massengewinn innerhalb eines Jahres. Auch die Gletscher in der Umgebung (Maurerkees und Geralkees) ließen auf beträchtliche Massengewinne im Laufe des Glazialjahres 1955/56 schließen. Firngrenze 2600 m.
Kleines Fleißkees auf dem Rauriser Sonnblick: Das sehr dünne Zungenende zog sich bei Marke A um 9,7 m und bei Marke B um 10,1 m zurück. In einer Höhe von 2600 bis 2620 m gab es in einem Profil quer über den Gletscher nur mehr geringe Abschmelzbeträge und z. T. sogar schon Andeutungen eines Anschwellens der Zungenfläche. Firngrenze 2800 m.

Tabelle 1. Änderungen der Gletscheroberfläche in einem Querprofil über das Kleine Fleißkees

(Das negative Vorzeichen bedeutet Einsinken und das positive Vorzeichen Anschwellen des Zungenkörpers).

Stein Nr.	Änderungen der Oberfläche 1954/55 in m	Horizontale Eisbewegung 1954/55 in m	Änderungen der Oberfläche 1955/56 in m	Horizontale Eisbewegung 1955/56 in m
8	− 0,15	0,7	− 0,25	0,1
7	− 0,19	1,7	− 0,29	0,8
6	− 0,25	2,1	− 0,32	2,1
5	− 0,40	3,2	− 0,50	3,1
4	− 0,05	3,2	− 0,15	3,0
3	+ 0,10	2,5	+ 0,07	2,1
2	+ 0,06	2,0	+ 0,02	1,4
1	+ 0,09	1,2	Stein nicht ausgeapert	

Die Genauigkeit der Vertikaländerungen der Zungenoberfläche des Kleinen Fleißkeeses liegt bei ± 0,07 m.

Während in der Pilatusscharte 1956 gegenüber 1955 keine Änderung in der Firnlage erkannt werden konnte, wurde in der Nähe der Scharte bereits eine Jahresfirnrücklage von 1,8 m Mächtigkeit beobachtet. In der Fleißscharte wurde eine solche von 1,9 m Mächtigkeit gemessen.
Die Dichtemessungen der Firnrücklage 1955/56 ließen auf dem Fleißkees einen Mittelwert von 0,66 ableiten. Die darunter befindliche Firnrücklage der Periode 1954/55 zeigte bereits eine Dichte von 0,72. In der Fleißscharte wurde eine mittlere Dichte des Jahresfirnes von 0,63 ermittelt.
Für die Beurteilung des Massenhaushaltes eines Gletschers sind außer den Veränderungen auf den Zungen noch möglichst genau die Vertikalveränderungen des Firngebietes usw. festzustellen. Hier ist in der letzten Zeit eine teilweise recht beträchtliche Vermehrung der Eissubstanz nicht zu verkennen. In der Fleißscharte wurden seit 1947 rund 13 m Firnzuwachs festgestellt, doch wurde dort die Firnoberfläche infolge des Druckes der auflastenden Firndecke, der eine Massenbewegung gletscherabwärts bewirkte, nicht absolut um diesen Betrag erhöht. An Firnmarken konnte jedoch eine absolute Erhöhung des Firnfeldniveaus bis zu 6 m und in der Nähe der Goldbergspitze bis zu 10 m erkannt werden. Die Oberfläche des Kleinen Fleißkeeses erschien im September 1956 praktisch spaltenlos. Der Eishaushalt des Kleinen Fleißkeeses erschien im Ablauf des Gletscherjahres 1955/56 wiederum beträchtlich positiv.
Wurtenkees: Vorrücken bei Marke B um 2 m und Rückgang bei Marke D um 2,9 m. Firngrenze 2600 m.
Kleines Sonnblickkees: Zweifellos wieder Vorstoß. Die Zunge verblieb unter Firnschnee.
Großes Goldbergkees: Vorstoß bei Marke 23 von 0,7 m, bei C 2 von 1,8 m und Rückgang bei A von 1,5 und C 54 von 2,6 m. Firngrenze 2750 m.

Ursachen der gegenwärtigen Verbesserungen der Eisbilanz der Gletscher

Die immer augenfälliger werdenden Veränderungen des Massenhaushaltes auf den Firnfeldern der Glockner-Sonnblick-Gruppe gehen auf deutliche Schwankungen glazialmeteorologischer Elemente zurück (siehe Tab. 2).

Tabelle 2. Schwankungen meteorologischer Elemente zwischen 1944 und 1956 auf dem Rauriser Sonnblick, ausgedrückt in übergreifenden dreijährigen Mittelwerten des Sommers (Monate Juni, Juli und August)

	1945	1946	1947	1948	1949	1950	1951	1952	1953	1954	1955
Tage mit Schneefall	28	27	31	34	37	38	37	45	46	48	52
Sonnenschein in Stunden	529	534	502	490	509	552	614	557	478	405	400
Lufttemperatur in Grad C	1,4	1,6	1,0	0,6	0,9	1,2	1,8	1,5	1,1	0,3	0,1
Niederschlag aus Ombrometer in cm	35	36	38	31	34	29	33	35	42	46	48

Wir erkennen von 1946 bis in die Gegenwart eine Zunahme der Zahl der Tage mit Schneefall um beinahe 100 Prozent, was zur Folge hat, daß durch eine Erhöhung der mittleren Albedo während der Ablationssaison die Gletscher wesentlich geringere Abschmelzverluste erlitten haben. Die Schwankungen des Massenhaushaltes der Nivalregion und schließlich der Gletscher überhaupt sind bekanntlich nicht die Auswirkungen einer Variation eines einzigen meteorologischen Elementes, sondern die Reaktion auf ein kompliziertes Zusammenspiel aller, und zwar besonders während der Sommerszeit [4]. Parallel mit der Abnahme des Sonnenscheines im Sommer erfolgte in den letzten Jahren auch ein Rückgang der Sommertemperaturen. Auch die sommerlichen Niederschläge erwiesen sich durch eine deutliche Zunahme für die Bergsteiger zwar weniger erfreulich, aber für den Eishaushalt der firnverarmten Gletscher der Großglocknergruppe und des Sonnblickgebietes zunehmend vorteilhaft.

Schriftenhinweise

[1] H. Tollner, Über Schwankungen von Mächtigkeit und Dichte ostalpiner Firnfelder. Archiv f. Meteorologie, Geophysik u. Bioklimatologie, Serie B. *3*, 189 (1951).
[2] H. Tollner, Wetter und Klima im Gebiet des Großglockners, Verlag Carinthia, Klagenfurt 1952.
[3] R. v. Klebelsberg, Die Gletscher der österreichischen Alpen 1951/52. Mitteilungen des Österreichischen Alpenvereins 1953.
[4] H. Tollner, Die meteorologisch-klimatischen Ursachen der Gletscherschwankungen in den Ostalpen während der letzten zwei Jahrhunderte. Mitt. d. Geogr. Ges. *96*, Heft 1—4, 1954.

Die Folgen des Rückganges österreichischer Gletscher auf die Wasserspeicherung hochalpiner Kraftwerksanlagen

Von Hanns Tollner, Salzburg

In der breiten Allgemeinheit herrscht gegenwärtig die Meinung, daß die Gletscher überall auf der Erde nach wie vor in ständigem kräftigem Rückgang begriffen sind und kaum Anzeichen einer Veränderung ihres Verhaltens erkennen lassen. Reporter berichten in der Tagespresse immer wieder, daß die Ostalpengletscher in Bälde verschwinden und beispielsweise der größte Gletscher Österreichs, die Pasterze, in drei Jahrzehnten überhaupt nicht mehr existieren wird. Meist wird auch unmißverständlich zum Ausdruck gebracht, daß österreichische hochalpine Wasserkraftwerke durch ständig abnehmendes Gletscherwasser mehr und mehr beeinträchtigt werden. Besorgte Leser derartiger Meldungen müssen nachgeradezu den Eindruck gewinnen, daß für Wasserkraft-Elektrowerke der Hochalpen in naher Zukunft eine Katastrophe unausbleiblich erscheint.

Wie verhält sich nun tatsächlich der Rückgang der Ostalpenvergletscherung auf die Wasserdarbietung für Speicheranlagen und wie ist es mit dem Eishaushalt der ostalpinen Gletscherareale gegenwärtig wirklich bestellt? Vorweggenommen sei, daß die österreichischen hochalpinen Kraftwerksanlagen aus energiewirtschaftlichen Gründen nur wünschen können, daß der beklagenswerte „Eisschwund" der Gletscher noch lange und möglichst intensiv andauere [1].

Die Speicherbecken der österreichischen Hochalpen-Kraftwerke wurden, abgesehen von technischen Vorteilen, auf die hier nicht eingegangen wird, an sich überhaupt nicht wegen des Vorhandenseins von Gletschern in dem Einzugsgebiet ihrer Sammelstellen gebaut, sondern wegen des Niederschlagsreichtums des Hochgebirges, der mit wachsender Seehöhe zunimmt. Der Eiskörper eines Gletschers mit seinem Firn- und Zungengebiet liefert von seiner Masse nur dann Wasser, wenn infolge meteorologischer Einflüsse Substanz durch Abschmelzen verlorengeht. Unter diesen Umständen fließt den Hochgebirgsstaubecken erstens der Jahresniederschlag des Einzugsgebietes (vermindert um Verdunstung, Versickerung und eventueller Schneerücklagen) und zweitens noch zusätzliches Gletscherwasser, die „Gletscherspende" zu. Der Anfall einer „Jahresgletscherspende" unterbliebe aber, wenn sich die Gletschersubstanz von einem Jahr zum nächsten nicht ändert. Ein Speicherwerk würde unter glaziologisch „stationären" Verhältnissen Zuflüsse erhalten, als ob in seinem Einzugsgebiet überhaupt keine Gletscher vorhanden wären. Die Gletscherspende wäre dann Null. Ein Vorstoß und ein Anschwellen der Gletscherzungen (Zunahme des Eishaushaltes der Vergletscherung) hätte zur Voraussetzung, daß vorher auf den Firnfeldern beträchtliche Teile des festen atmosphärischen Niederschlages als „Firnrücklagen" zur alten Gletschermasse gelangten. Die Sammelbecken hochalpiner Kraftwerke würden nicht erst in der Phase eines Gletschervorrückens eine Verringerung des Wasserzuflusses erleiden (infolge teilweiser Zurückbehaltung des Jahresniederschlages), sondern schon viel früher, und zwar bereits von jenem Zeitpunkt an, in dem die Gletscher in ihren Nährgebieten stärkere Firnrücklagen anzuhäufen beginnen, also schon dann, wenn die vereisten Hochgebirgsareale, bilanzmäßig betrachtet, auf den Firnfeldern am Ende der Ablationszeit mehr Masse zurückbehielten, als unterhalb der Firnlinie abschmolz. In Perioden der Gletschervorstöße und vor allem vorher könnte auch auf unvergletscherten Flächen des Hochgebirges nicht der gesamte Jahresniederschlag zum Abfluß gelangen. Ein Teil des Schneefalles würde auf vergrößerten, alten, perennierenden Schneefeldern oder unter Umständen auch in neu entstandenen unter die winterlichen Schneeanhäufungen der Folgezeit gelangen und damit für einen Stau in Talsperren zunächst verlorengehen.

Für die Wasserhaltung hochalpiner Stauanlagen wäre, wie aus den vorstehenden Ausführungen leicht einzusehen ist, die Zunahme des Gletschereis-Haushaltes wegen Einbehaltung bedeutender Firnrücklagen von wesentlichem Nachteil. Der Rückgang der Gletscher, wie er gegenwärtig abgeschwächt noch an großen Gletschern zu beobachten ist, erscheint hingegen durch die Darbietung einer mehr oder minder großen Gletscherspende an die Sammelbecken von Kraftanlagen überaus vorteilhaft. Das Problem „Eisschwund der Alpengletscher und die Folgen auf die Wasseranlieferung hochalpiner Speicherräume" ist in Wirklichkeit gerade umgekehrt als es in der Regel die Presse in meist sensationeller Aufmachung diskutiert.

Es ist verständlich, daß um so mehr zusätzliches Gletscherwasser in die Speicheranlagen fließt, je stärker sich die Eissubstanz der Gletscher verringert. Die größten Massenverluste erlitten die österreichischen Gletscher in den heißen und niederschlagsarmen Monaten Juli und August der Jahre 1946 und 1947. Während in diesen Sommern die Tieflandsgerinne außerordentlich geringe Wasserführung beobachten ließen, zeigten die Hochgebirgsflüsse aus stark vergletscherten Einzugsgebieten infolge einer reichlichen Gletscherspende beträchtlich ü b e r n o r m a l e Abflüsse. Im kühlen und niederschlagsreichen Sommer 1955 dagegen blieb die Wasseranlieferung des Hochgebirges wegen beträchtlicher Mengen zurückgehaltener Firnüberschüsse auf den Nährzonen der Gletscher und infolge Entstehens neuer Schneefelder und Vergrößerung alter ansehnlich u n t e r den langjährigen Verhältnissen. Auch im Jahre 1956 erzielten die Wasserspeicher der Tauernkraftwerke A. G. wegen nicht völlig abgeschmolzenen Jahresniederschlages fast überall unternormale Zuflüsse.

Mit abnehmender Größe der Gletscherflächen muß naturgemäß das Ausmaß der Gletscherspende abnehmen, wenngleich auch nur um geringe Beträge. Ein völliges Verschwinden der großen Gletscher Österreichs innerhalb weniger Jahrzehnte braucht überhaupt nicht befürchtet zu werden. Würde sich z. B. die Pasterzenzunge weiterhin in gleicher Geschwindigkeit wie im Jahre 1955 verkürzen, so wären 300 Jahre notwendig, bis sie dort angelangt ist, wo sie sich im Spätmittelalter befand. Selbst wenn der Pasterzengletscher künftighin so rasch zurückweichen sollte wie in früheren extremen Jahren, würde er erst in 150 Jahren den Stand des 16. Jahrhunderts (Linie: Hofmannshütte—Adlersruhe) erreichen. Die Annahme, daß der Eisschwund der Gletscher in sehr starker Intensität mindestens noch anderthalb Jahrhunderte andauern soll, wäre wissenschaftlich durch nichts begründet.

Kartendarstellungen von Gletschern, wie sie in 100 und 200 Jahren aussehen, wenn sie wie bisher in gleicher Weise kleiner würden, tragen nicht der Veränderlichkeit der glazialmeteorologischen Elemente Rechnung und stellen daher lediglich geodätische Überlegungen ohne reale glaziologische Grundlagen dar. F. Ackerl zeigte am 7. Juni 1956 im Rahmen der „Geodätischen Woche" in Wien in seinem Vortrag „Bestimmung der Gletschervolumen durch Verfahren der Photogrammetrie und angewandten Geodäsie" Bilder eines österreichischen Gletschers, wie er in 100 und 200 Jahren beschaffen wäre, wenn die gegenwärtigen gletscherklimatischen Bedingungen durch Jahrhunderte gleich blieben.

Sollten die Ostalpengletscher wieder einmal Substanz aufzuspeichern beginnen, so werden die Zuflüsse in Hochgebirgsstaubecken, wie schon angedeutet wurde, nicht nur um das Ausmaß einer mehr oder minder großen Gletscherspende vermindert, sondern durch den Ausfall beträchtlicher Firnrücklagen aus dem sommerlichen Abschmelzprozeß unter Umständen noch einmal um die gleiche Wassermenge verringert. Je stärker das Einzugsgebiet von Hochgebirgsstauanlagen vergletschert ist, desto empfindlicher wäre bei stark wachsendem Eishaushalt der Gletscher das Zuflußdefizit. **Es läßt sich unschwer ableiten, daß z. B. die jährliche Wasserbelieferung des Margaritzenspeichers (Sperre an der oberen Möll) der Tauernkraftwerke A. G. im Stadium starker Massengewinne der Pasterze um 20—25% zurückgehen müßte. Auch die Talsperre auf dem Mooserboden würde bei Anwachsen der Gletscher und auch schon vorher eine Zuflußabnahme bis zu 20% erleiden.**

Ein Nachlassen der sommerlichen Wasserführung der Hochalpenflüsse würde selbst noch für die Donau empfindliche Folgen zeitigen. H. Hoinkes [2] berechnete, daß ein Anwachsen der Vergletscherung Tirols die Wasserführung des Innflusses in der warmen Jahreszeit im Durchschnitt um 20% — unter extremen Verhältnissen noch wesentlich mehr — abschwächen müßte.

Ohne in diesem Rahmen eine Prognose des zukünftigen Gletscherverhaltens in den Ostalpen geben zu wollen, muß doch eindringlich darauf hingewiesen werden, daß gegenwärtig wenigstens gebietsweise von einem starken „Gletscherschwund" gar keine Rede sein kann [3]. Seit dem Gletscherkatastrophensommer 1947 wichen zwar die Gletscherzungen in der Regel noch weiter zurück, doch konnten sich seither auf den Firnfeldern bis zum heutigen Tage stellenweise recht ansehnliche Firndecken ansammeln. Im Jahr 1954 zeigten die Gletscher der Großglockner- und Sonnblickgruppe seit dem September 1953 keine oder nur geringfügige Massenverluste. Das Schmiedingerkees des Kitzsteinhornes und das Kleine Fleißkees auf dem Rauriser Sonnblick deuteten sogar einen Zuwachs an. Im Herbst 1955 hatten die Glockner- und Sonnblickgletscher innerhalb von 12 Monaten mächtige Firnüberschüsse zurückgelegt (2 bis 4 m Mächtigkeit mit einer mittleren Dichte von 0,6). Die Zunge des Kleinen Fleißkeeses ließ an der linken Seite bereits Anschwellungstendenzen erkennen. Die kleinen Gletscher mit hochgelegenen Zungenenden waren vom September 1954 bis September 1955 beinahe ausnahmslos vorgestoßen. Viele Schneefelder hatten sich neu gebildet und alte wurden sichtlich vergrößert. Am Ende des Sommers 1956 zeigten die kleineren Gletscher der Glockner-Sonnblick-Gruppe weiterhin fast überall eine positive Jahres-Massenbilanz.

Die Fragen der „Gletscherspende", Eishaushaltprobleme u. dgl. werden jetzt zunehmend Gegenstand technischer und gletscherkundlicher Betrachtungen. F. Mitterecker [4] beschäftigte sich u. a. auch mit einem Teilproblem des Eishaushaltes der Gletscher, mit den Abschmelzbeträgen von Gletscherzungen. V. Paschinger [5] gab einen Überblick über die Massenverluste der Pasterze, setzte sich mit der Gletscherspende auseinander, besprach das Gesamtverhalten der Ost- und Westalpengletscher in der letzten Zeit und äußerte zuletzt: „Wir stehen daher in den Alpen noch ganz eindeutig in einer Periode starken Rückganges, der nicht so bald einen über lokale Vorkommnisse hinausgehenden Vorstoß erwarten läßt."

Wenngleich die großen Eisströme der Ostalpen ihren Rückgang derzeit zwar etwas abgebremst haben, dürfen die gegenwärtigen Anzeichen einer Veränderung des Gletscherverhaltens — ob sie nun kurzperiodisch bleiben oder länger andauern, sei hier dahingestellt — nicht übersehen werden. Für die österreichische Wasserkraftwirtschaft spielt die Abschwächung des Gletscherrückganges bzw. die Änderung der Eissubstanz bereits eine bemerkenswerte Rolle.

Bilanz des Eishaushaltes des Pasterzengletschers zwischen September 1954 und September 1956

Im Zusammenhang mit noch nicht abgeschlossenen Untersuchungen über die „Gletscherspende" im Sonnblick- und Großglocknergebiet seien nähere Angaben über die Massenänderungen der Pasterze innerhalb des Glazialjahres 1954/55 mit schwach übernormalem und 1955/56 mit geringfügig überdurchschnittlichem Jahresniederschlag gegeben. H. Paschinger [6] berechnete für die Pasterze unterhalb von 2600 m Seehöhe (Zungenfläche) im September 1955 einen Jahreseisverlust von 4,8 Millionen Kubikmeter, das ist ein Fünftel des Verlustes 1953/54. 4,8 Millionen Kubikmeter Zungeneis entsprechen ungefähr 4,3 Millionen Kubikmeter Wasser.

Der Verfasser dieses Berichtes ermittelte im September 1955 auf dem Firngebiet dieses Gletschers aus Messungen der Jahresfirnrücklagen und der Firnschneedichte oberhalb der Firngrenzen von 2600—2800 m eine mittlere Firnrücklage von 200 cm (Maximalwerte von 420 cm) mit einer durchschnittlichen Dichte von 0,56. Auf den Firnflächen der Pasterze (rund 13 Quadratkilometer) befanden sich am Ende des Glazialjahres 1954/55 innerhalb eines Jahres neu dazugekommene und übriggebliebene Firnmassen mit einem Volumen von 26 Millionen Kubikmeter von rund 14,5 Millionen Kubikmeter Wassergehalt.

Die Jahresbilanz des Massenhaushaltes der Pasterze zwischen September 1954 und September 1955 ergab sich damit wie folgt:

Wassergehalt der Jahresfirnrücklagen 1954/55 . . . . 14,5 Mill. m³
Wasserverlust der Zunge 1954/55 . . . . 3,8 Mill. m³
Massenüberschuß 1954/55 mit einem Wassergehalt . . 10,7 Mill. m³

Diese Massenbilanz wurde durch den Wasseranfall in den Speicherräumen der Tauernkraftwerke A. G. größenordnungsmäßig völlig bestätigt. Die Stauanlagen der Tauernkraftwerke erhielten im Großglocknergebiet im Jahre 1955 trotz des niederschlagsreichen Sommers nur eine um 20—25% **unter** dem Regelwert gelegene Jahreswasseranlieferung.

Daß die Abschwächung der Massenverluste der Tauerngletscher seit 1947 im allgemeinen wenig beachtet werden, hängt damit zusammen, daß meist aus dem Verhalten der Gletscherzungen, die ja z. T. sogar noch kräftig zurückweichen, auf die Gesamtbilanz der Vergletscherung geschlossen wird, ohne den jährlichen Massenzuwachs in den Firngebieten in Rechnung zu ziehen. Es sei bemerkt, daß das Anschwellen der Firnkörper in Bergsteigerkreisen durchaus nicht übersehen wird. Die hohen Teile des stark ausgeaperten Sonnblick-Ostgrates geraten mehr und mehr von Südwesten her unter den Firnmantel des Großen Goldbergkeeses, eine Felsinsel in der Nähe des erwähnten Grates ist im Begriff wieder unterzutauchen, und der „Wasserfelsen" südlich des Zittelhauses auf dem Sonnblickgipfel droht für die Wasserversorgung dieser Schutzhütte wieder verlorenzugehen.

Während im September 1956 die kleineren Gletscher der Glockner-Sonnblick-Gruppe meist einen merklichen Jahres-Firnzuwachs erkennen ließen, ergab sich für den Pasterzengletscher 1955/56 folgende negative Massenbilanz:

14,7 Millionen m³ Wasser Verlust im Zungenbereich des Gletschers (abgeleitet aus der von H. Paschinger am 8. Jänner 1957 brieflich mitgeteilten Volumsabnahme)

13,5 Millionen m³ Wasser Zuwachs in den Firngebieten aus eigenen Messungen von Höhe und Dichte (im Mittel 0,61) der Jahresrücklagen

1,2 Millionen m³ Wasser Substanzverlust innerhalb des Glazialjahres 1955/56 (September 1955 bis September 1956) des Gesamtbereiches des Pasterzengletschers.

Die vorstehend berechnete Gletscherspende des Glazialjahres 1955/56 wurde in dieser Größenordnung auch vom Margaritzenspeicher im obersten Möllgebiet eingenommen.

Sollte die Vergletscherung der Sonnblick-Großglockner-Gruppe vielleicht nur örtlich stärkere Änderungen des Eishaushaltes als Gletscher im übrigen Österreich erkennen lassen, gewissermaßen nur lokale Verzögerungen eines allgemeinen weiteren Rückzuges der Alpengletscher andeuten, so dürfen dennoch die Eisbilanzen seit 1947 und ganz besonders seit September 1953 in diesem Gebiet nicht verkannt werden. An einer möglichst genauen Kenntnis der Veränderlichkeit des Massenhaushaltes dieser Gletscher sind nicht nur die Wissenschaft, sondern auch die Praxis, vor allem die hochalpinen Wasserkraftwerke wegen der damit verknüpften Schwankungen des Wasseranfalles lebhaft interessiert.

Literaturhinweise.

[1] H. Tollner, Haben die Gletscherschwankungen in den Hohen Tauern Rückwirkungen auf die Wasserhaltung der Kraftwerksanlagen im Großglocknergebiet? Festschrift „Die Oberstufe des Tauernkraftwerkes Glockner-Kaprun" der Tauernkraftwerke A. G., September 1955.
[2] H. Hoinkes, Gletscherschwund, Wissenschaft und Wirtschaft. „Pyramide", Heft 1, 1954.
[3] H. Tollner, Bericht über die Eisstände der Glockner- und Sonnblickgruppe im Frühherbst 1954, 1955 und 1956. 51.—53. Jahresbericht des Sonnblick-Vereines 1957.
[4] F. Mitterecker, Die Wasserwirtschaft der Oberstufe der Kraftwerksgruppe Glockner-Kaprun. Festschrift „Die Oberstufe des Tauernkraftwerkes Glockner-Kaprun" der Tauernkraftwerke A. G., September 1955.
[5] V. Paschinger, Vom Gletscherschwund in den Hohen Tauern im Hinblick auf die Wasserspende. Vereinigung Deutscher Gewässerschutz E. V., Frankfurt/M., Nr. 2/3, 1956.
[6] R. v. Klebelsberg, Die Gletscher der österreichischen Alpen 1954/55, Bericht über die Gletschermessungen des Österreichischen Alpenvereins im Jahre 1955. Mitteilungen des Österreichischen Alpenvereins, Jahrg. 11, Jänner/Februar 1956.

Schneepegelbeobachtungen im Sonnblickgebiet im Zeitraum 1927 bis 1956

Von Maria Roller, Wien

Mit Tabellen im Anhang VIII

Im Jahre 1927 wurden im Sonnblickgebiet die ersten Schneepegel aufgestellt und mit der Durchführung von Schneehöhenmessungen begonnen. Seither werden mit nur kurzzeitigen Unterbrechungen die Beobachtungen an den gleichen Stellen jeweils zum Monatsende durchgeführt. Als Schneepegel werden etwa 3 m lange Holzstangen mit Dezimetermarken verwendet, die bei wachsender oder abnehmender Schneehöhe oben verlängert oder verkürzt werden können. Eine Drahtverspannung nach drei Seiten bietet genügend Schutz gegen die Gewalt der Stürme (H. Tollner [11, 12]). Die Angabe der Schneehöhe erfolgt in Zentimetern.

Seit 1927 sind bereits mehrere Abhandlungen erschienen, in denen die Beobachtungsergebnisse dieser Meßreihe verarbeitet wurden (siehe Literaturangabe). Im Anhang zu diesem Jahresbericht wird nun eine Zusammenstellung der einzelnen Meßwerte veröffentlicht. Offensichtliche Beobachtungsfehler wurden ausgebessert und vorhandene Beobachtungslücken mit Hilfe von Nachbarstationen ergänzt. Unsichere und ergänzte Werte wurden in Klammer gesetzt. Eine Zusammenstellung der mittleren Schneehöhen ist der untenstehenden Tabelle zu entnehmen. Von einer Reduktion der Mittelwerte auf den gleichen Zeitraum wurde abgesehen, da die Beobachtungszeiträume zu verschieden sind. Zur Mittelwertberechnung wurden nur vollständige Winter herangezogen.

Tabelle 1. Mittlere Schneehöhen zum Monatsende in Zentimetern

	Jän.	Febr.	März	April	Mai	Juni	Juli	Aug.	Sept.	Okt.	Nov.	Dez.
Kolm-Saigurn, 1600 m (22 Jahre)	104	125	132	86	20	.	.	.	2	12	38	73
Pfefferkar, 2190 m (7 Jahre)	90	118	127	136	164	91	12	.	.	11	66	84
Unterer Goldbergkeesboden, 2480 m (21 Jahre)	280	327	361	384	348	216	92	22	14	47	134	202
Oberer Goldbergkeesboden, 2710 m (22 Jahre)	287	354	403	460	436	331	197	50	31	58	143	234
Oberer Steilhang, 2850 m (7 Jahre)	441	498	548	596	572	401	213	62	53	98	210	317
Fleißscharte, 2990 m (22 Jahre)	305	358	408	462	462	383	248	123	79	73	160	236
Oberes Kleines Fleißkees, 2875 m (22 Jahre)	367	431	480	538	530	446	312	181	112	97	185	304

Um eine Übersicht über die Lage der einzelnen Meßstellen zu erhalten, soll hier auszugsweise eine Beschreibung der Umgebung der einzelnen Stationen nach F. Steinhauser [1, 2] wiedergegeben werden. Die Meßstellen sind in verschiedenen Höhen auf der Nord- und der Südseite des Sonnblickmassivs aufgestellt, und zwar:

Nordseite:

1. Kolm-Saigurn, 1600 m, Talkessel, von hohen, steilen Bergwänden umgeben. Der Talausgang nach Norden ist durch Wald abgeschlossen.

2. **Pfefferkar**, 2190 m, im Anstieg gegen das Goldbergkees. 200 bis 300 m nördlich vom Pegel fällt das Gelände im Maschinental steil gegen Norden nach Kolm ab; 500 m südlich erhebt sich nach einem allmählichen Anstieg der Steilabbruch des Unteren Grupeten Keeses bis zu einer Höhe von 2450 m, gegen Westen die Leidenfrostwand, gegen Osten das Schareck (die Aufstellung ist gegen Südwinde sehr stark exponiert).

3. **Unterer Goldbergkeesboden**, 2480 m. Der Schneepegel steht auf dem gegen Nordosten nur ganz wenig geneigten Boden des Unteren Goldberggletschers, etwa 350 m westlich vom Abbruch des Unteren Grupeten Keeses und ebenso weit östlich von der Erhebung des Oberen Grupeten Keeses (2700 m), des Steilabfalls des Oberen Goldberggletschers. Gegen Süden wird dieser Gletscherboden vom 2836 m hohen Windischkopf begrenzt. Gegen Norden erhebt sich ein ziemlich steiler Felshang bis 2560 m, der den Kleinen Sonnblickgletscher abschließt.

4. **Oberer Goldbergkeesboden**, 2710 m, ebener Gletscherboden, 300 m westlich vom Abbruch des Oberen Grupeten Keeses. Nördlich vom Schneepegel zieht sich der Südostgrad des Hohen Sonnblick hin. Gegen Nordwesten erhebt sich unter einer mittleren Neigung von 45° der oberste Teil des Goldberggletschers. Gegen Süden und Südwesten bildet ein Bergzug von nahezu 3000 m Höhe die Begrenzung.

5. **Oberer Steilhang des Goldbergkeeses**, 2850 m. Die Umgebung der Meßstelle ist ähnlich der oben beschriebenen.

Wasserscheide:

6. **Fleißscharte**, 2990 m. Dies ist der höchste Schneepegel. Er steht auf der gletscherbedeckten Fleißscharte, die den nach Osten abfallenden Goldberggletscher vom nach Westen abfallenden Kleinen Fleißkees scheidet. Im Nordosten erhebt sich der Sonnblickgipfel (3106 m), im Südwesten die Goldbergspitze (3072 m). Das Gebiet ist sehr stark windexponiert.

Südseite:

7. **Oberes Kleines Fleißkees**, 2875 m. Der Pegel steht mitten auf dem Boden des Oberen Kleinen Fleißkeeses.

Nachstehend folgt eine Zusammenstellung aller bisher veröffentlichten wissenschaftlichen Abhandlungen, die sich mit Verarbeitungen der Schneepegelbeobachtungen aus dem Sonnblickgebiet befaßen:

[1] F. Steinhauser, Ergebnisse neuerer Beobachtungen über die Niederschlagsverhältnisse im Sonnblickgebiet; Jahresbericht des Sonnblickvereines 1932, 13.
[2] F. Steinhauser, Schneehöhenmessungen am Sonnblick und im Sonnblickgebiet. Jahresbericht des Sonnblickvereines 1933, 13.
[3] F. Steinhauser, Neue Ergebnisse von Niederschlagsbeobachtungen in den Hohen Tauern (Sonnblickgebiet), Meteorol. Z. 1934, 36.
[4] F. Steinhauser, Die Meteorologie des Sonnblicks, I. Teil, Beiträge zur Hochgebirgsmeteorologie nach Ergebnissen 50jähriger Beobachtungen des Sonnblickobservatoriums, 3106 m. Verlag Springer, 1938.
[5] H. Tollner, Zum Problem Eishaushalt und Niederschlag im Hochgebirge. Mitteilungen der Geogr. Ges. in Wien *90*, 1948.
[6] F. Steinhauser, Über die Struktur des Jahresganges des Niederschlages am Zentralalpenkamm, Wetter und Leben 1949, 1.
[7] F. Steinhauser, Untersuchungen über die Schneedeckenverhältnisse im Hochgebirge auf der Großglockner-Hochalpenstraße. Geofisica pura e applicata *17*, 183 (1950).
[8] H. Tollner, Über Schwankungen von Mächtigkeit und Dichte ostalpiner Firnfelder. Archiv Met. Geoph. Bioklim. Serie B, *III*, 189 (1951).

[9] H. Tollner, Wetter und Klima im Gebiet des Großglockners. Carinthia II, 14. Sonderheft, 1952.
[10] H. Tollner, Die meteorologisch-klimatischen Ursachen der Gletscherschwankungen in den Ostalpen während der letzten zwei Jahrhunderte. Mitteilungen der Geogr. Ges. 1954.
[11] H. Tollner, Niederschlagsverhältnisse im Gebiet des Rauriser Sonnblicks, Jahresbericht des Sonnblick-Vereines 1951—1952, 1954, 13.
[12] H. Tollner, Schneeverhältnisse im Gebiet des Rauriser Sonnblicks. Jahresbericht des Sonnblick-Vereines 1951—1952, 1954, 28.

Über die meteorologischen Stationen der Hohen Kordillere Argentiniens

Von Fritz Prohaska

(Servicio Meteorológico Nacional, Buenos Aires)

Mit 1 Textabbildung

I. Einleitung

Die meteorologischen Stationen in den argentinischen Anden befinden sich vor allem in denjenigen Gebieten, wo in dieses sonst fast unzugängliche Gebiet Bahnlinien führen und sich aus politischen (Grenze) oder wirtschaftlichen Gründen (Ausbeutung von Minen) Ansiedlungen befinden. Es sind daher in ihrer Mehrzahl keine Bergobservatorien, sondern normale Klima- oder synoptische Stationen, die auf dem argentinisch-bolivianischen Hochland (altiplano) und nur vereinzelt auf Pässen der Hochkordillere errichtet wurden. Erst in den letzten Jahren wurden drei Bergobservatorien im wahren Sinn des Wortes errichtet. Zwei in der Nähe von Mendoza und eines bei Bariloche.

Im ganzen gibt es oder gab es in Argentinien 13 meteorologische Stationen in einer Seehöhe von 3000 m oder darüber. Davon sind dzt. vier in Betrieb. Bis zum Beginn des Internationalen Geophysikalischen Jahres (Juli 1957) hofft man jedoch noch weitere vier in Betrieb nehmen und sie dann auch aufrechterhalten zu können. In Tab. 1 geben wir der besseren Übersicht wegen eine Liste aller dieser Stationen nach ihrer Seehöhe geordnet und mit Angabe ihres Beobachtungszeitraumes.

Tabelle 1. Liste der meteorologischen Stationen über 3000 m Seehöhe in Argentinien

Stationsname	Provinz	Seehöhe m	Breite °S	Länge °W	Beobachtungszeitraum	Topographische Lage
Corrida de Cori	Salta	5100	25° 06′	68° 20′	1942—[1])[3])	Pass
La Mejicana	La Rioja	4700	29 02	67 55	1904—1907	Hang
Tres Cruces (Mina Aguilar)	Jujuy	4600	23 05	65 44	1940—1948[3])	Tal
La Casualidad	Salta	4000	25 03	68 13	1945—1947 1950/51 1954—	stark gegliedertes Hochland
Cerro de la Laguna	Mendoza	3900	34 10	69 40	1951—1953[3])	Hang
Cristo Redentor	Mendoza	3800	32 50	70 05	1934—	Paß
San Antonio de los Cobres	Salta	3800	24 11	66 21	1926—1932[3])	weites Tal
Cochinoca	Jujuy	3700	22 45	65 54	1881/82	Hang
Abra Pampa	Jujuy	3500	22 43	65 42	1902—1907	Hochebene
Tres Morros	Jujuy	3500	23 50	65 50	1904/05 1907/08	Hang
La Quiaca	Jujuy	3500	22 06	65 36	1902—	Hochebene
Cerro Pelado	Mendoza	3100	32 24	69 06	— [2])[3])	Gipfel
La Poma	Salta	3000	24 02	66 13	1912—1917	Tal
Catedral 2000	Rio Negro	2000	41 12	71 42	— [3])	Gipfel

[1]) Ohne Beobachtungen von Mitte Mai bis Mitte September.
[2]) Ohne regelmäßige Beobachtungen.
[3]) Regelmäßig ganzjähriger Betrieb ab Beginn des Internationalen Geophysikalischen Jahres vorgesehen.

Die Höhenangaben dieser Stationen sind nur als sehr ungefähr zu betrachten, da genaue Vermessungen dieser Gegenden noch nicht vorliegen. Als Bezugshöhen wurde bei Errichtung der Stationen im allgemeinen die Höhe der nächstgelegenen Bahnstation genommen, die z. Z. der Erbauung derselben bestimmt wurde, wobei man natürlich damals mehr an den relativen Höhenunterschieden als an der absoluten Höhe interessiert war. Wenige Vergleiche mit Höhenbestimmungen aus Druckbeobachtungen ergaben, daß im allgemeinen die „Bahnhöhen" zu hoch sind.

Bei der Aufstellung der Stationen wurden die allgemein üblichen Vorschriften befolgt. Sie sind mit den an Klima- resp. synoptischen Stationen üblichen Instrumenten ausgerüstet. Dabei ist nur zu bemerken, daß in der Regel nicht aspirierte Psychrometer in Verwendung sind, was bei dem intensiven Strahlungsklima dieser Gebiete zu erheblichen Fehlern führen kann. Die Beobachtungstermine sind im argentinischen Klimanetz seit Beginn dieses Jahrhunderts 8,14 und 20 Uhr (bezogen auf 60° West). Wie bekannt, gibt aber diese Kombination keine gute Annäherung an die wahren 24stündigen Tagesmittel. Es ist daher bei fast allen Elementen notwendig, diesbezügliche Korrekturen anzubringen. Da aber weder von allen Stationen, noch von allen Elementen Registrierungen vorliegen, werden die Korrekturbeträge von ähnlich gelegenen Stationen verwendet. Daher sind die Mittelwerte mit entsprechender Kritik zu betrachten. Die Korrekturen können vor allem bei der Temperatur große Beträge erreichen, da es sich um Klimagebiete mit äußerst intensiver Strahlung handelt. Selbst auf der Paßstation Corrida de Cori in 5100 m ü. d. M. ist der Tagesgang der Temperatur noch so groß, daß die Korrektur auf das 24stündige Mittel im Sommer — 1° C beträgt.

II. Lage der Stationen

1. Die Höhenstationen der Provinz Jujuy (sprich: Chuchúi)

Die meisten meteorologischen Stationen über 3000 m liegen in dieser nordwestlichsten Provinz Argentiniens im Bereiche der Bahnlinie, die von Buenos Aires nach der bolivianischen Hauptstadt La Paz führt. An der Grenzstation La Quiaca existiert seit Beginn dieses Jahrhunderts ein geophysikalisches Observatorium, das eine ununterbrochene Reihe von zum Teil 24stündigen Beobachtungen der meteorologischen Elemente besitzt. Es ist dies die älteste Höhenstation Argentiniens, die sich jetzt noch in Betrieb befindet und am besten arbeitet. La Quiaca liegt schon inmitten des argentinisch-bolivianischen Altiplano, in einer praktisch vegetationslosen Wüstenlandschaft. Erst in einer Entfernung von ca. 40—50 km steigen die Berge bis zu 5000 m an. Ihrer Lage und Aufstellung nach ist diese Station repräsentativ für die Verhältnisse dieser großen, weiten Hochfläche von 3500 m Seehöhe.

Etwas weiter südlich befindet sich die höchste Station dieser Provinz: Tres Cruces. An der Zink- und Bleimine Aguilar errichtet, liegt sie am Osthang der nordsüdlich gerichteten Sierra de Aguilar in einem schmalen Seitental — einem ehemaligen Gletscherbett —, das nach Südosten entwässert und umgeben ist von Bergen, die mit ihren Gipfeln über 5000 m reichen. Die Beobachtungen sind teilweise unvollständig, so daß man mit nur ungefähr sechs vollständigen Beobachtungsjahren rechnen kann. Die jetzt neu einzurichtende Station wird sich aber nicht mehr beim Eingang der Mine selbst in 4600 m, sondern in ca. 4000 m bei den Verwaltungs- und Wohngebäuden des Unternehmens befinden.

Die restlichen drei Stationen dieser Provinz: Cochinoco, Abra Pampa und Tres Morros haben nur kurze und unvollständige Reihen aus der Zeit um die Jahrhundertwende, und es gibt keine näheren Angaben über die spezielle Lage dieser Stationen. Von den drei Ansiedlungen selbst läßt sich nur sagen, daß Abra Pampa auf derselben Hochebene und ähnlich gelegen ist wie La Quiaca, während Cochinoco sich etwas westlich von Abra Pampa an einem flachen Osthang einer Nord—Süd verlaufenden Kette befindet. Die Mine Tres Morros dagegen liegt weiter südlich auf dem Westhang der Sierra de Aguilar etwas oberhalb der großen „Salinas Grandes".

2. Die Höhenstationen der Provinzen Salta und La Rioja

Von der Provinzhauptstadt Salta führt in 24°—25° S quer durch die rund 4000 m hohe Atacamawüste (Puna de Atacama) die erst in den letzten Jahren vollendete Bahnlinie nach dem pazifischen Hafen Antofagasta. Etwas südlich dieser Bahnlinie liegt an der argentinisch-chilenischen Grenze die höchste meteorologische Station Argentiniens: Corrida de Cori. Auf dem 3 km breiten Paß zwischen dem Gebirgszug gleichen Namens und der Sierra de Rio Grande, die beide eine nordwest-südöstliche Streichrichtung haben, wurde sie in einer Höhe von 5100 m errichtet. Die Station liegt frei und ist repräsentativ für eine Paßlage dieser Höhen und geographischen Breite. Die Gipfel der beiden benachbarten Gebirgszüge sind nur um 300—400 m höher als der Paß und erreichen erst in dem ca. 50 km nordwestlich gelegenen erloschenen Vulkan Llullaillaco 6700 m. Nach Westen — nach der chilenischen Seite — fällt das Gelände ca. 1000 m steil in ein parallel zu den Gebirgszügen verlaufendes Tal ab, dessen Südende sich zu einem Talkessel ausweitet, in dem sich in 4200 m ein Schwefelsee von ungefähr 15 km² Größe befindet. Nach Osten geht es in schwacher Neigung in ein stark gegliedertes Hochland über, die eigentliche Puna de Atacama, an deren tiefsten Stellen sich zwischen 3500 und 4000 m Höhe große, mit Salz bedeckte Flächen (Salare) befinden (z. B. der Salar de Arizona von ca. 3000 km² Ausdehnung). Die Station selbst wurde bei dem Arbeitslager einer Schwefelmine errichtet, die wenige hundert Meter entfernt und etwas höher, schon am Hang der Corrida de Cori gelegen, abgebaut wird. Sie ist aber nur während der Betriebsdauer der Mine besetzt (ungefähr Mitte September bis Mitte Mai), da im Winter die Kehren und Mulden des Zufahrtsweges von meterhohem Treibschnee blockiert sind, so daß die Arbeiter nicht versorgt und die Minerale nicht abtransportiert werden können. Deshalb hängt auch die Betriebsaufnahme und deren Ende von der jeweiligen Schneelage ab und ist von Jahr zu Jahr verschieden.

Ca. 25 km östlich, an dem Salar de Rio Grande, befindet sich in 4000 m Höhe La Casualidad. Nach allen Seiten abgeschirmt durch Gebirge von 5000 bis 6000 m Höhe, hat dieses Gebiet weder am Wettergeschehen des pazifischen noch an demjenigen des atlantischen Raumes teil und stellt daher eine vollständige Hochwüste dar. Die Station liegt bei einer Ansiedlung, die im wesentlichen aus der Verwaltung der Schwefelmine Corrida de Cori und den Winterquartieren ihrer Arbeiter besteht. Ihrer Lage nach ist La Casualidad repräsentativ für die Verhältnisse der Puna de Atacama. Obgleich schon 1945 errichtet, wurden die Beobachtungen oft und während vieler Monate unterbrochen, und erst ab 1954 hat die Station einen regelmäßigen ganzjährigen Betrieb aufgenommen.

Im selben Klimagebiet, nur weiter östlich und direkt an der Bahnlinie, liegt San Antonio de los Cobres, der Hauptort dieses ganzen Gebietes. Nachdem die Bahn, von Osten kommend, die erste hohe Kette durchquert hat und in die Atacamawüste eingetreten ist, befindet sie sich in einem breiten, offenen Längstal. Am schwach geneigten Osthang des nächstfolgenden Gebirgszuges befand sich fast sieben Jahre lang eine meteorologische Station innerhalb des Ortes, der aus ebenerdigen, weit auseinanderliegenden Häusern besteht. Das vorhandene Beobachtungsmaterial ist sehr ungleichmäßig, so daß nur vier Jahre auswertbar sind. Wegen der außerordentlichen Gleichmäßigkeit dieses Klimas genügen aber auch schon diese, um einen guten Einblick in dieses östlichste Randgebiet der Puna de Atacama zu bekommen.

Ungefähr 60 km südlich liegt am Oberlauf des Rio Calchaqui La Poma. Trotz der 3000 m Seehöhe hat La Poma eine typische Tallage, da nicht nur die Berge westlich und östlich eine durchschnittliche Höhe von 5000 m haben und vereinzelt sogar bei weitem 6000 m überschreiten, sondern weil es sich um ein sehr langgestrecktes und bald unterhalb La Poma sich sehr verbreiterndes Längstal der Kordillere handelt. Von den fünf Jahren, die die Station funktionierte, haben drei Jahre vollständige Beobachtungen, während von den letzten zwei Jahren nur die 8-Uhr-Beobachtungen vorliegen.

Im südöstlichsten Ausläufer der Vorkordillere gab es zu Beginn dieses Jahrhunderts eine Höhenstation, die während dreier Jahre beobachtet hat. Sie lag in der Sierra de la Famatima (Provinz La Rioja), die westlich von Chilecito steil ansteigt und mit ihren Gipfeln in 6200 m bis in die Region des ewigen Schnees hineinragt. In einem nach Nordosten abfallenden Tal bzw. Hang liegt in 4700 m die Mine La Mejicana, bei der die meteorologische Station errichtet war. Außer diesen teilweise unvollständigen Aufzeichnungen existieren von diesem Gebiet noch meteorologische Beobachtungen, die vor allem vom geographischen Institut der Universität Tucuman gelegentlich wissenschaftlicher Exkursionen ausgeführt wurden. Von Mitgliedern dieses Instituts, vor allem von dessen langjährigem und verdienstvollem Direktor, dem Münchner W. Rohmeder, stammen auch aus anderen Teilen der Vorkordillere, in denen es keine fixen Beobachtungsstationen gibt, Klimabeschreibungen und in extenso publizierte meteorologische Beobachtungen, z. B. vom Gebiet um den Aconquija[1]).

3. Die Höhenstationen der Provinz Mendoza

Eine lange, wenn auch zeitweise unterbrochene Reihe von Beobachtungen liegt von Cristo Redentor vor. Die Station wurde auf dem Paß errichtet, über den die Autostraße von Mendoza nach Santiago de Chile führt und durch den der Tunnel der Transandenbahn geht, die diese beiden Städte verbindet. Nördlich und südlich von Cristo Redentor steigen die Gipfel der Hauptkordillere auf über 6000 m, und der wahrscheinlich höchste Berg Südamerikas, der Aconcagua mit seinen fast 7000 m[2]), liegt nicht weit davon entfernt. Nach Westen fällt das Gebiet mehr oder weniger steil zur pazifischen Küste ab, während im Osten noch die Kette der Präkordillere vorgelagert ist, die von dem Hauptkamm durch das weite Längstal von Uspallata (Talsohle rund 2000 m) getrennt ist.

Nur unwesentlich höher als Cristo Redentor liegt das von der Universität Mendoza errichtete Höhenobservatorium Cerro de la Laguna. Es wurde im Jahre 1950 zum Zwecke geophysikalischer und meteorologischer Untersuchungen errichtet, war aber infolge administrativer Schwierigkeiten stets nur kurzdauernd in Betrieb. Das Observatorium liegt mitten im Hauptzuge der Kordillere auf einem nach Süden orientierten, weiten Hang in der Nähe von Gletschern und Büßerschneefeldern.

Das ebenfalls von der Universität Cuyo (Mendoza) errichtete Bergobservatorium Cerro Pelado liegt direkt westlich der Stadt Mendoza auf einer Kuppe wenige Meter über

---

[1]) Rohmeder, G.: Observaciones meteorológicas en la región encumbrada de las sierras de Famatima y Anconquija. Anal. Soc. Cient. Argent. CXXXVI, 3, 97—124, Buenos Aires 1943. — Gnomez. Omil, De Santamarina y Rohmeder: Tres Contribuciones a la climatogeografia de Tucuman. Instituto de estudios geograficos, Universidad Nacional de Tucuman, Monografia No. 9, Tucuman 1947.

[2]) Vor kurzem (Oktober 1956) wurde offiziell vom argentinischen Militärgeographischen Institut die Höhe des Aconcagua nach den letzten Vermessungen dieses Instituts mit 6959,7 m ± 1 m angegeben. Aber erst nach genauerer Vermessung des Gipfels des Ojos del Salado wird man wissen, welcher von beiden der höchste Berg Südamerikas ist.

der Paßhöhe der Präkordillere, über die die alte Straße von Mendoza nach Uspallata führt. Frei exponiert nach allen Seiten erfüllt es die Bedingungen, die an eine Gipfelstation gestellt werden. Von diesem Observatorium liegen noch keine meteorologischen Beobachtungen vor.

In Tab. 1 nahmen wir noch ein Bergobservatorium in der Provinz Rio Negro auf, obgleich es nur 2000 m hoch liegt und derzeit (November 1956) noch seiner Eröffnung harrt. In der Nähe des Touristenzentrums Bariloche gelegen, wo die Kordillere nur mehr in vereinzelten Gipfeln bis zu 3000 m ansteigt, stellt diese Station — Catedral 2000 — die einzige Höhenstation dieser Breiten dar. Sie wurde vom staatlichen argentinischen Wetterdienst auf dem gratartigen Kamm des Cerro Catedral in der Nähe der Endstation einer Seilbahn errichtet. Die höchsten Felstürme des imposanten Berges liegen süd-südwestlich der Station und erreichen etwa 2500 m.

III. Bemerkungen zum Klima der argentinischen Kordillere

Gemäß ihrer Lage in bezug auf die allgemeine Zirkulation der Atmosphäre weist das Klima der argentinischen Kordillere zwei Haupttypen auf. Der eine wird durch die planetarischen Westwinde beherrscht, der andere durch die Advektion feuchtwarmer Luftmassen aus dem tropischen Brasilien während des Sommers und durch seine Lage in der subtropischen Antizyklone im Winter.

1. Die Stationen im planetarischen Westwindgürtel

Ganz allgemein kann gesagt werden, daß die Untergrenze der planetarischen Westwinde tiefer liegt als die mittlere Kammhöhe des Hauptzuges der Kordillere. Von 4000—5000 m im äußersten Nordwesten Argentiniens nimmt sie auf 1000—2000 m im Süden Patagoniens ab. Daher befinden sich alle Stationen im jeweiligen Höhenbereich des Kammes der Hauptkordillere innerhalb der allgemeinen Westdrift. Das ist auch durch die Höhenwindbeobachtungen aus dem Vorland der Kordillere nachweisbar.

a) Stationen der Hauptkordillere

Die beiden Kammstationen der Hochkordillere, Corrida de Cori und Cristo Redentor, können als typische Vertreter gelten. Die vorherrschenden Westwinde während des ganzen Jahres mit maximaler Windgeschwindigkeit im Winter sind das hervorstechendste klimatische Merkmal. Dabei kommt es auf der 5100 m hoch gelegenen Station Corrida de Cori zu ganz außergewöhnlich hohen Windgeschwindigkeiten. Man findet dort des öfteren Werte von über 200 km/h in den Beobachtungsbüchern notiert. Wenn diese Schätzungen vielleicht auch übertrieben sind, zeigen die Registrierungen eines Anemographen, der die ersten Jahre dort aufgestellt war, daß doch mehrere Male die maximale von diesem Instrument noch aufzeichenbare resp. auswertbare Windgeschwindigkeit von ungefähr 150 km/h vorkam. Die Monatsmittel variieren zwischen 20 und 50 km/h, wobei an die eingangs gemachte Bemerkung erinnert sei, daß während des Hochwinters dort keine Beobachtungen angestellt werden. Nach Aussagen des Beobachters, der den Winter in dem 1000 m tiefer gelegenen La Casualidad verbringt, soll es in dieser Jahreszeit zu schweren Schneestürmen kommen. Von letzteren abgesehen, beobachtet man nur vereinzelte Niederschläge, die als Schnee oder im Sommer als Schnee- und Graupelschauer fallen. Die wahre Niederschlagsmenge ist natürlich nicht meßbar, dürfte aber äußerst gering sein. Trotz dieser Windgeschwindigkeiten und der großen Seehöhe läßt sich noch ein ausgesprochener Tagesgang der Temperatur feststellen. Da normalerweise die Bewölkung (25° Breite) nur sehr gering ist, kommt es zu einer tagsüber starken Aufheizung der tieferen und geschützt liegenden Gebiete und zu einer starken nächtlichen Abkühlung (in der Atmosphäre über 5000 m ist kaum noch ein nennenswerter Feuchtigkeitsgehalt vorhanden), die durch Inversionsbildung die Windgeschwindigkeit während der Nacht wesentlich herabsetzt, so daß es zur Ausbildung des typischen Morgenminimums der Windgeschwindigkeit kommt. Daher läßt sich eine Tagesschwankung der Temperatur feststellen, die bis zu 10° C an wolkenlosen Tagen beträgt und damit ungefähr gleich groß ist wie die Jahresschwankung dieses Elementes. Die Monatsmittelwerte dürften im Sommer bei 0° C und im Winter bei — 10° C liegen.

Ein noch extremeres Wüstenklima hat die östlich benachbarte und rund 1000 m tiefer gelegene Station La Casualidad. Auch hier haben die Westwinde das ganze Jahr hindurch die Vorherrschaft, wenngleich in den Sommermonaten (Dezember bis Februar) ab und zu auch Nord- bzw. Nordostwinde beobachtet werden. Bei fast wolkenlosem Wetter während des ganzen Jahres (weniger als ¹/₁₀ Himmelsbedeckung im Jahresmittel) beträgt die mittlere Jahressumme des Niederschlages 3 mm! Die vollkommene Vegetationslosigkeit des Bodens und die intensive Einstrahlung ermöglichen eine mittlere Tagesschwankung der Temperatur von 16°—20° C. Die Monatsmittelwerte liegen ca. 10° C höher als auf Corrida de Cori. Daher herrschen im Monatsmittel trockenadiabatische Gradienten, die um Mittag durch lokale Aufheizung überadiabatisch werden.

Tabelle 2. Monatsmittelwerte der meteorologischen Elemente in Cristo Redentor (32°50′ S, 70°05′ W, 3800 m ü. d. M.)
Periode: 1935—1950 mit Unterbrechungen

	Jan.	Febr.	März	April	Mai	Juni	Juli	Aug.	Sept.	Okt.	Nov.	Dez.	Jahr
Luftdruck in mb, 600 +	43,2	42,9	42,3	41,7	40,3	38,6	38,3	37,9	38,9	39,8	40,2	41,8	40,5
Lufttemperatur, ° C	4,2	3,8	2,2	−0,2	−3,3	−6,3	−6,5	−6,5	−5,2	−3,3	−1,1	2,2	−1,7
Mittl. tägl. Max.	9,9	9,0	7,2	4,2	−0,2	−3,1	−2,8	−2,8	−1,4	0,8	3,7	7,5	2,6
Mittl. tägl. Min.	−0,5	−0,9	−1,8	−4,2	−6,9	−9,9	−10,3	−10,5	−9,2	−7,2	−4,6	−2,2	−5,7
Absolutes Max.	20,2	17,3	18,0	13,5	11,2	8,6	9,5	9,6	10,3	12,8	12,7	14,9	20,2
Absolutes Min.	−8,6	−13,0	−14,6	−14,2	−17,4	−23,5	−30,3	−22,1	−21,7	−21,7	−19,9	−13,7	−30,3
Dampfdruck mb	4,3	4,3	3,6	3,2	2,5	2,3	2,0	2,0	2,4	2,9	3,5	4,3	3,1
Relative Feuchte %	55	57	55	56	60	60	54	58	58	63	60	57	58
Bewölkung (Zehntel)	2,7	2,7	2,5	3,6	5,5	5,9	5,2	5,3	5,1	4,6	4,3	2,7	4,2
Windgeschw. km/h	22	22	24	20	18	20	20	21	19	18	20	20	21
Vorherrsch. Windrichtung	SW	SW	SW	SW	SW	SW	SW	SW	SW	SW	SW	SW	SW
Niederschlag mm	8	9	8	22	96	40	56	64	23	19	7	7	357
Zahl der Tage mit Niederschlag	5	4	6	5	9	10	10	11	8	9	7	6	90
Heiter	12	13	16	10	7	6	6	9	7	8	8	13	115
Trüb	3	2	4	7	11	11	12	11	9	8	4	2	84
Mit Gewitter	0,4	0,4	0,3							0,1	0,3	0,4	1,9
Mit Frost	16,4	19,5	24,4	27,0	30,1	30,0	31,0	31,0	30,0	29,4	28,8	24,8	322,4

Nicht mehr im Bereich des reinen Wüstenklimas, sondern schon in der äußeren Subtropenzone befindet sich Cristo Redentor, die andere Paßstation der hohen Kordillere, die 850 km südlich und 1300 m tiefer als Corrida de Cori liegt. Wie Tab. 2 zeigt, treten dort bereits die für dieses Klimagebiet charakteristischen Winterniederschläge (von Mai bis August) auf. Da im Winter dieses Gebiet sich schon im Bereich der Westwinde der gemäßigten Breiten befindet, hat es in dieser Jahreszeit auch wesentlich mehr Bewölkung und lebhafteres Wettergeschehen als im Sommer. Das prägt sich z. B. sehr klar in dem für dieses Klima typischen Jahresgang des Verhältnisses der aperiodischen zur periodischen Temperaturschwankung aus, das im Mittel der Sommermonate 1,5 und im Mittel der Wintermonate 3,4 beträgt, während sich diese Verhältniszahlen in Corrida de Cori während des ganzen Jahres kaum von 1 unterscheiden.

Ähnliche Klimamerkmale, nur mit etwas anderen Absolutwerten, die durch die geschütztere Lage im Lee der im Westen lagernden Hauptkette bedingt sind, dürfte das Bergobservatorium Cerro de la Laguna haben, das sich in gleicher Höhe rund 150 km südlich von Cristo Redentor befindet, von dem aber nur sehr lückenhafte Beobachtungen vorliegen.

Ebenfalls in der Zone der noch ausgesprochenen Winterniederschläge befindet sich das schon in Patagonien gelegene und seiner Eröffnung noch harrende Observatorium Catedral 2000.

b) Stationen der Vorkordillere

Obgleich noch ganzjährig im Bereich der Westwinde gelegen, zeigen die Beobachtungen der Stationen der Vorkordillere, selbst die höchstgelegenen unter ihnen, schon die charakteristischen Eigentümlichkeiten des Klimas der äußeren Tropenzone mit ihrer ausgesprochenen Sommerregenzeit und der fast absoluten Niederschlagslosigkeit während des Winters.

In der Sierra de la Famatina trifft man während des ganzen Jahres ab ca. 4500 m auf die Westdrift. Davon legen nicht nur die Berichte der Besteigungen dieser Sierra Zeugnis ab, sondern auch die Beobachtungen der Station La Mejicana. Nur während der Sommermonate (Dezember bis Februar) macht sich hier, wenn auch in einem relativ geringen Prozentsatz, eine Nordströmung bemerkbar. Diese in tieferen Lagen feuchte Strömung ist auch die Ursache, daß sich bis in die Gipfellagen eine sommerliche „Regenzeit" (in der Tat fallen ungefähr noch ein Drittel der Sommerniederschläge an dieser Station in 4700 m Höhe in Form von Regen) bemerkbar macht.

Hier sowohl wie im ähnlich orientierten, nur etwas niedrigerem Aconquija (Gipfelhöhe 5500 m) liegt die Schneegrenze im Sommer tiefer, vor allem auf den nach Norden und Osten exponierten Hängen, als im Winter. In dieser Jahreszeit fehlen die Niederschläge vollkommen, und durch die starke Verdunstung und intensive Einstrahlung zieht sich die Schneegrenze bis fast auf Gipfelhöhe zurück. Bei stark ausgesprochenen Berg- und Talwinden kommt es zu einer für eine Hangstation in diesen Höhen relativ großen mittleren Tagesschwankung der Temperatur, die $10°$ bis $15°C$ beträgt. Während des ganzen Jahres liegen die mittleren Minima unter und die mittleren Maxima über dem Gefrierpunkt (Sommer: mittleres Maximum $+10°$, mittleres Minimum $-3°$; Winter: mittleres Maximum $+3°$, mittleres Minimum $-8°$). Die Monatsmittelwerte schwanken im Laufe des Jahres zwischen $+4°C$ und $-2°C$.

Die beiden weiter nördlich gelegenen Stationen Tres Cruces (Mina Aguilar) und San Antonio de los Cobres zeigen schon einen kombinierten Klimatypus, da man von der ausgesprochenen Vorherrschaft der Westwinde nur mehr während acht Monaten des Jahres sprechen kann. In den Sommermonaten (Dezember bis März) überwiegt schon die Nordströmung und damit die Herrschaft der Klimas der äußeren Tropenzone.

Tres Cruces hat ungefähr ähnliche Verhältnisse wie die nur etwas höhere Station La Mejicana, nur daß wegen ihrer Lage am Wendekreis die höchsten bzw. tiefsten Monatsmittelwerte der Temperatur schon zur Zeit der Solstitien auftreten und auch die Absolutwerte etwas höher sind. Im Sommer liegen die Monatsmittelwerte bei $5°C$, im Winter zwischen 0 und $-1°C$. Die mittlere Tagesschwankung ist etwas geringer und beträgt während des ganzen Jahres zwischen $10°$ und $12°C$.

San Antonio de los Cobres, in einem weiten Tal einer fast schon leicht geneigten Ebene gelegen, weist um $6°$ höhere Sommertemperaturen auf als das um 800 m höhere Tres Cruces, ist aber im Winter nur um ca. $2°C$ wärmer. Dem größeren Jahresgang der Temperatur entspricht eine fast doppelt so große Tagesschwankung, die im Sommer

16°—17° C, im Winter über 20° C beträgt. Die mittleren Minima liegen von April bis November unter dem Gefrierpunkt (Juli — 8° C, dagegen Jänner 4° C), während die mittleren Maxima von November bis Februar 20° C überschreiten (Jänner 21° C, aber Juli 12° C). Mit Ausnahme des spezifischen Merkmals aller dieser Stationen, nämlich des vorherrschenden Westwindes mit dem ausgesprochenen Wintermaximum der Windgeschwindigkeit, zeigen diese beiden Stationen alle Klimaeigenschaften des im folgenden zu besprechenden Typus, wobei natürlich die Absolutwerte und deren jährliche und tägliche Schwankung von der Meereshöhe und der speziellen topographischen Lage der Stationen abhängen.

2. Die Stationen im Bereich der äußeren Tropenzone

Das im Nordwesten Argentiniens gelegene Altiplano und die gesamte Vorkordillere mit Ausnahme der in die planetarische Westwindzone hineinragenden Gebiete liegen während der Sommermonate unter dem Einfluß einer warmfeuchten Luftströmung, die, aus dem tropischen Brasilien stammend, im Schutze und entlang der Kordillere bis nach 30° Süd vordringt. Während der Wintermonate befindet sich diese ganze Region am Nordrande des breiten Hochdruckgürtels, der um diese Jahreszeit die atlantische und pazifische Hochdruckzelle verbindet. Dem lebhaften Wettergeschehen der Sommermonate steht daher der gleichmäßige, strahlungsbedingte und von lokalen Faktoren abhängige Gang der meteorologischen Elemente im Winter gegenüber, der nur selten von Luftmassenwechseln unterbrochen wird. Dadurch kommt die für dieses Gebiet charakteristische Zweiteilung des Jahres in eine ausgesprochene Regen- und Trockenzeit zustande. Als typisches Beispiel dafür und für das Klima des Altiplano im allgemeinen möge die Zusammenfassung der langjährigen Beobachtungen von La Quiaca dienen, die in Tab. 3 wiedergegeben ist.

Tabelle 3. Monatsmittelwerte der meteorologischen Elemente in La Quiaca
(22° 06′ S, 65° 36′ W, 3460 m ü. d. M.)
Periode: 1911—1950

	Jan.	Febr.	März	April	Mai	Juni	Juli	Aug.	Sept.	Okt.	Nov.	Dez.	Jahr
Luftdruck in mb, 600—	72,2	72,5	72,5	72,7	72,7	72,3	72,6	72,3	71,8	71,4	71,1	71,5	72,2
Lufttemperatur, °C	12,4	12,4	12,2	10,6	6,5	3,7	3,6	6,1	9,1	11,1	12,5	12,8	9,3
Monatsmittel:													
Höchstes	14,5	14,2	13,5	12,1	8,1	6,1	5,3	8,0	11,0	12,9	13,9	14,5	10,3
Tiefstes	10,6	10,0	10,5	9,1	2,6	2,0	1,5	4,5	7,4	9,2	10,1	10,9	7,8
Mittl. { Max.	20,8	21,1	21,3	20,5	17,9	15,8	15,7	17,7	20,1	21,7	22,6	22,2	19,8
tägl. { Min.	5,5	5,6	4,5	0,6	—5,1	—8,2	—8,4	—6,2	—2,7	0,3	3,4	5,2	—0,4
Abso- { Max.	30,4	30,5	30,7	27,0	27,8	24,0	25,4	25,6	27,0	27,4	30,0	30,0	30,7
lutes { Min.	—1,7	—1,2	—5,0	—10,0	—13,3	—18,0	—18,0	—17,1	—13,0	—13,0	—5,8	—3,0	—18,0
Dampfdruck in mb	9,1	9,5	8,5	6,1	3,9	3,1	3,2	3,6	4,7	5,7	7,3	8,8	5,9
Relative Feuchte, %	65	67	62	49	38	36	36	34	39	46	52	60	49
Bewölkung (Zehntel)	6,9	6,5	5,3	3,7	2,7	2,4	2,1	2,5	3,3	4,3	5,2	6,4	4,3
Windgeschw. km/h	13	12	11	10	10	12	11	13	15	16	16	15	13
Niederschlag mm	95,6	73,1	46,1	7,3	0,3	1,1	0,4	0,4	2,2	8,4	24,8	61,4	321,1
Zahl der Tage mit Niederschlag													
≥ 0,1 mm	15	12	8	2	0,2	0,3	0,2	0,2	0,9	2	6	12	59
≥ 10,0 mm	3	2	1	0,2	0	0,1	0	0	0	0,3	0,6	2	10
Heiter	0,8	0,9	2,6	7,7	12,4	13,3	14,0	14,0	9,4	6,4	2,8	0,9	85,2
Trüb	8,5	6,3	3,6	1,2	1,2	0,8	0,3	0,6	1,0	1,9	2,6	5,6	33,6
Mit Frost	0,4	0,2	1,2	13,8	28,9	29,4	30,6	29,5	24,4	13,6	3,6	0,5	176,1
Häufigkeit der verschiedenen Windrichtungen in ⁰/₀₀													
N	228	243	223	178	116	99	104	119	137	163	202	204	168
NE	248	257	246	173	88	56	67	80	119	180	239	275	169
E	98	101	106	79	48	34	35	52	76	109	136	129	84

	Jan.	Febr.	März	April	Mai	Juni	Juli	Aug.	Sept.	Okt.	Nov.	Dez.	Jahr
SE	41	35	35	41	40	56	56	37	38	34	33	35	40
S	83	77	76	97	162	145	149	132	123	101	92	87	110
SW	60	56	58	72	101	95	90	95	97	97	64	49	78
W	48	51	45	56	97	144	134	154	136	84	53	38	87
NW	58	54	55	87	87	112	111	124	116	105	61	52	85
Calmen	136	126	156	217	261	259	254	207	158	127	120	131	179

Bei fast allen meteorologischen Elementen zeigen die Sommermonate untereinander (November bis inkl. März) ein ebenso einheitliches Verhalten wie die Wintermonate (Mai bis August). Aus dieser etwas unsymmetrischen Zweiteilung des Jahres (es stehen, klimatisch gesehen, fünf Sommermonate vier Wintermonaten gegenüber) ergibt sich auch, daß der Übergang vom Sommer zum Winter schneller vor sich geht (April) als derjenige vom Winter zum Sommer (September und Oktober). Der vorherrschenden Advektion von Luftmassen aus dem tropischen Brasilien während des Sommers (mehr als 60% der Windrichtungen gehören dem Nordostquadranten an) steht im Winter das Überwiegen der Calmen und die sonst fast gleichmäßige Verteilung auf alle Windrichtungen gegenüber. Während der Vorherrschaft der tropischen Luftmassen fallen nicht nur 94% der Jahressumme der Niederschläge, sondern es erreichen auch die Bewölkung mit 6,1, die absolute und relative Feuchte mit 8,6 mb bzw. 61% ihre höchsten Werte im Jahreszeitendurchschnitt. Die diesbezüglichen Werte für den Winter sind: 0,7% der Jahressumme des Niederschlages, 2,4 Zehntel Himmelsbedeckung 3,4 mb Dampfdruck und 36% relative Feuchte. In den fünf Sommermonaten gibt es nur 8 „heitere" Tage, dagegen 54 in den vier Wintermonaten. Auch der Jahresgang der Temperatur zeigt dieses Charakteristikum der zwei verschiedenen Niveaus bei schnellem Übergang von einem zum anderen. So variiert während des ganzen Sommers die Monatsmitteltemperatur nur zwischen 12,2 und 12,8° C bei einer mittleren Tagesschwankung (aperiodisch) von 16° C, während die Wintertemperatur zwischen 3,6 und 6,5° C schwankt, bei einer aperiodischen Tagesschwankung von 24° C [3]). Die periodische Schwankung beträgt im Winter 21° und im Sommer 11° C. Das Verhältnis der aperiodischen zur periodischen Temperaturschwankung beträgt daher im Sommer 1,4 und im Winter 1,1, was auch ein Ausdruck für das fast ausschließlich strahlungsbedingte Wettergeschehen des Winters ist.

Im gleichen Klimagebiet und in fast gleicher Höhe befinden sich auch die drei Stationen Cochinoco, Abra Pampa und Tres Morros. Da sie südwestlich La Quiacas liegen, haben sie bereits merklich geringere Niederschläge, geringere Sommerbewölkung und daher auch schon im Sommer Tagesschwankungen der Temperatur von über 20° C. Die sonst noch auftretenden Unterschiede zu La Quiaca sind nur auf die speziellen Gegebenheiten der jeweiligen Stationen zurückzuführen oder aber auf mangelhafte Beobachtungen.

Obgleich es sich um eine ausgesprochene Tallage handelt, soll noch kurz auf das Klima von La Poma eingegangen werden. An Hand der Beobachtungen dieser Station kann man nämlich eine für dieses ganze Gebiet typische Erscheinung nachweisen: eine jahreszeitlich wechselnde Strömung zwischen Ebene und Hochgebirge, also eine dem Berg- und Talwind parallele Erscheinung, nur mit dem Unterschied, daß hier der Bergwind vor allem während des Winters, der Talwind während der warmen Jahreszeit weht. Daß es sich dabei in erster Linie um eine lokale Strömung vom Gebirge zum Flachland

---

[3]) Das dürften u. a. die höchsten Werte sein, die in der üblichen Höhe der meteorologischen Hütte (1,5 m) selbst in Wüstengebieten gemessen werden. Während des Winters treffen hier fast alle Faktoren zusammen, die diese außerordentlich große Tagesschwankung begünstigen: Hochebene mit Sandboden (schlechter Wärmeleiter), absinkende Luftbewegung, daher sehr trocken und klar, relative Windstille, intensive Ein- und Ausstrahlung.

und umgekehrt und nicht um eine durch die spezielle Topographie des Tales verursachte abgelenkte Strömung der allgemeinen Zirkulation handelt, dafür liefern die Windbeobachtungen von La Poma und ihre Gegenüberstellung zu denjenigen einer anderen Station dieses Gebietes, Santa Maria (Catamarca), den Beweis.

Nachdem der Rio Calchaqui ab La Poma noch ungefähr 150 km weiter in südlicher Richtung geflossen ist, vereinigt er sich in der Nähe von Cafayate mit dem Rio Santa Maria, der ebenfalls aus einem Längstal zwischen Vor- und Hauptkordillere, aber aus südlicher Richtung kommt. Als Rio Las Conchas, später als Rio Guachipas und endlich als Rio Juramento fließen sie dann zusammen in nordöstlicher Richtung aus der Vorkordillere hinaus.

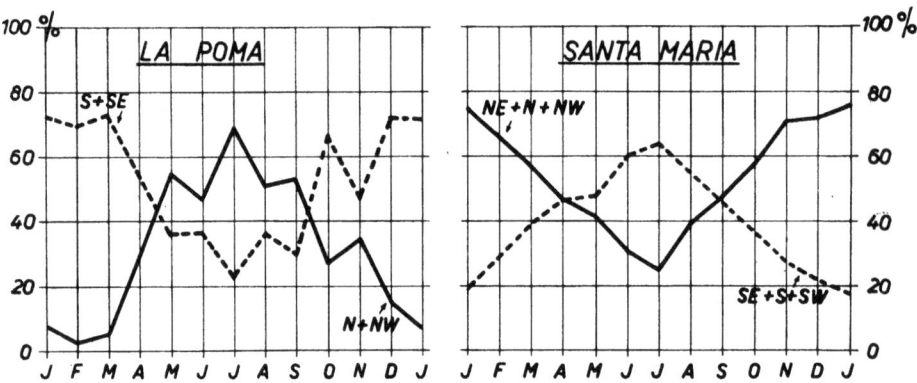

Abb. 1. Jahresgang der Häufigkeiten der Windrichtungen in La Poma (Salta) und Santa Maria (Catamarca).

Am Oberlauf des Rio Santa Maria, ca. 100 km südlich des Zusammenflusses, befindet sich in 2000 m ü. d. M. der Ort gleichen Namens mit der meteorologischen Station. Vergleicht man den Jahresgang der vorherrschenden Windrichtungen dieser Station mit demjenigen von La Poma, so sieht man, daß beide Stationen ein gegenläufiges Verhalten zeigen (Abb. 1), indem an letzterer im Winter die Nordwinde und im Sommer die Südwinde vorherrschen, während in Santa Maria die Verhältnisse gerade umgekehrt sind. Dabei ist noch auffallend, daß an beiden Stationen die „Bergwinde" eine größere Windgeschwindigkeit aufweisen als die „Talwinde". Diese jahreszeitliche Strömung vom resp. zum Gebirge verstärkt oder unterdrückt fast die normalen Berg- und Talwinde je nach Jahreszeit. Daher haben im Sommer diese Gebiete sehr heftige Talwinde, und im Winter kommt der Bergwind verstärkt vor allem in der Form der Zonda, dem andinen Föhn, zur Geltung. Dieser jahreszeitliche Wechsel der Strömung hat seine Ursache einerseits in dem außerordentlich großen Höhenunterschied von 3000—4000 m zwischen Ebene und einer ausgedehnten Hochfläche (also nicht Gipfelregion, die weitere 1000—2000 m höher liegt) auf kurze Horizontaldistanz. So wirkt das Altiplano im Sommer als großräumige Heizfläche und im Winter als Kühlfläche für die Luftmassen der mittleren Troposphäre, so daß einmal ein Gradient zum Gebirge, das andere Mal einer von ihm weg besteht. Dazu gesellt sich noch die jahreszeitliche Schwankung der Untergrenze der planetarischen Westwinde dieser Breiten, die eine Folge der meridionalen Verlagerung des Subtropengürtels im Laufe des Jahres ist.

Für eine Talstation wie La Poma folgt daraus eine sehr kleine Jahresamplitude der Temperatur, die durch zu warme Winter (Föhneffekt) hervorgerufen ist. Das zeigen auch die Temperaturgradienten zwischen La Poma und dem rund 800 m höher gelegenen San Antonio de los Cobres. Im Sommer findet man das normale Monatsmittel des Temperaturgradienten von 0,46; im Winter dagegen herrscht zwischen beiden Stationen praktisch ein trockadiabatischer Gradient (im Juli beträgt der Mittelwert des Gradienten 0,96° je 100 m). So hat La Poma in 3000 m ü. d. M. ein Julimittel der Temperatur, das nur um 1,7° C tiefer liegt als dasjenige von Salta in 1100 m Höhe.

Eine Gesamtdarstellung des Klimas der Puna wird erst möglich sein, wenn noch wesentlich mehr Beobachtungen aus dieser Gegend, vor allem aus Chile und Bolivien vorliegen, die in einem viel größeren Maße an dieser ausgedehnten Hochwüste Teil haben. Es handelt sich dabei nicht nur um ein rein meteorologisches Interesse, sondern die Kenntnis dieses besonderen Klimabereiches ist von größter wirtschaftlicher Bedeutung, da es darum geht, Menschen in diesen großen Höhen und unter diesen extremen Klimabedingungen anzusiedeln. Handelt es sich doch um das an Mineralien aller Art reichste Gebiet Südamerikas. (Hier wäre es auch am Platze, in größerem Maße die Sonnenenergie auszunützen, z. B. für Klima- und Kühlanlagen, chemisch reine Schmelzverfahren etc.)

Dem Departamento de Climatologia und dem Archivo Nacional de Meteorologia bin ich für die Überlassung des Klimamaterials zu Dank verpflichtet.

Ein Beitrag zur Flora des Raurisertales

Von Wilhelm Arlt, Rauris

Über mein Ersuchen hat zum erstenmal im Jahre 1938 der inzwischen verstorbene Ing. Fr. Leeder in Gmunden in überaus dankenswerter Weise eine Zusammenstellung der in Rauris vorkommenden Blütenpflanzen und Gefäßkryptogamen gemacht. Mit Recht wurde von ihm hervorgehoben, das Tal gehöre zu den in dieser Hinsicht am meisten vernachlässigten Gegenden des Landes Salzburg und die vorhandene Literatur würde dringend einer Ergänzung bedürfen. Da er selbst in Rauris niemals botanisiert habe, sei er bei seiner Arbeit ausschließlich auf fremde Quellen angewiesen.

Die Beschreibung der Arten nahm er nach der bekannten Flora Mitteleuropas von Dr. Gustav Hegi vor. Moose und Pilze konnten von ihm nicht berücksichtigt werden; von den Habichtskräutern (Hieracien), die den Botanikern seit jeher die größten Schwierigkeiten geboten haben, wurden von ihm nur gewisse Leitformen behandelt. In diesem Zusammenhange darf ich darauf verweisen, daß erst jüngst eine Monographie der Habichtskräuter des Landes Salzburg, verfaßt von Herrn Pfarrer Reiter in Puch-Oberalm, herausgekommen ist, die auch über die Vorkommen im Raurisertal wertvolle Aufschlüsse gibt.

Ich habe die Zeit seit 1938 benützt, um, wenn auch als Laie, aber doch mit gewissen Fachkenntnissen, die von Ing. Leeder erstmals gebotene und von dem leider auch seither verstorbenen Reg.-Rat Karl Ronninger, Vizepräsidenten der Zoologisch-Botanischen Gesellschaft in Wien, kritisch durchgesehenen Aufstellung an **Pflanzen und Fundorten** zu bereichern. Im Raurisertale ist, entsprechend der Bedeutung des Sonnblicks, in erster Linie dieser botanisch durchforscht worden. Abgelegene Teile, wie etwa das Forsterbachtal, meist auch das Seidlwinkeltal mit Ausnahme der obersten Strecke, durch welche die Glocknerstraße führt, wurden so gut wie nicht untersucht. Da sich aber sowohl um Rauris als auch im Seidlwinkeltal Kalkeinsprengungen finden (Radstädter Kalke, kristalline Kalke in ganz bedeutender Ausdehnung an der Gasteiner Grenze gegen den Silberpfennig zu), so konnte ich mit Recht annehmen, dieser Wechsel der

Bodenbeschaffenheit müßte auch das Vorkommen einer Reihe von kalkliebenden Pflanzen mit sich bringen. Noch ein zweiter Umstand erscheint wichtig: Soweit wissenschaftlich lehrtätige Botaniker am Werke sind, bleiben deren Exkursionen gewöhnlich auf die Zeit der Sommerferien beschränkt. Es mußte daher bei ihrem Besuche des Tales ein Teil früh blühender Pflanzen schon eingezogen und unauffindbar sein. Auch im Spätherbst mochte auf diese Weise manche Blüte ihrer Aufmerksamkeit entgangen sein. Durch meinen ständigen Aufenthalt in Rauris hatte ich eine Gelegenheit für mich, die ihnen verschlossen war. Tatsächlich habe ich eine ganze Reihe von Pflanzen gefunden, die in der ursprünglichen Aufstellung des Jahres 1938 nicht enthalten waren oder bei denen die Angabe des Fundortes fehlte.

Eine unserer eindrucksvollsten Blütenpflanzen ist die prächtige Feuerlilie (Lilium bulbiferum L.). Sie wächst an Steilhängen, zwischen Felsen des Gaisbachtales, so daß man kaum versteht, wie sie dem kargen Boden die Nahrung für den Aufbau der großen, leuchtend orangeroten Blumenkrone entziehen kann. Der Stengel wird 20—90 cm hoch, die Laubblätter sind lineal-lanzettlich. Die aufrechte Blüte ist duftlos und wird gerne von den Perlmutter- und Feuerfaltern besucht. Der Nektar birgt sich tief im Innern, so daß nur Schmetterlinge mit langem Rüssel ihn erreichen können. Feuerlilien, die von dem gleichen Samen abstammen und sich vegetativ stark vermehrt haben, bleiben untereinander völlig unfruchtbar; fruchtbar sind sie nur, wenn die Narbe mit dem Pollen von einer anderen Sämlingsform belegt wird.

Im Wonnemond streckt das Maiglöckchen (Convallaria majalis L.) die überhängende Traube von weißen, duftenden Blüten, halb verborgen hinter zwei großen, grünen Blättern, der Sonne entgegen. Die Blüten wie die schönen roten Beeren sind giftig. Rückert hat die Blume mit den Worten besungen:

„Maiglöckchen, ihr schüttelt eure Glocken,
Wen wollt ihr zur Maienandacht laden?"

und ein Märchen berichtet, das Maiglöckchen habe eine heiße Liebe zum Frühling empfunden. Dieser jedoch, als unsteter Geselle, habe wohl mit der herzigen Blume gekost, sie aber dann allein gelassen. Und das Glöckchen habe im stillen Leid die weißen Blüten abgeworfen und statt ihrer blutrote Tropfen hervorquellen lassen.

Im Raurisertal wächst das Maiglöckchen wirklich ganz im Verborgenen, am Beginn des Tales auf Felsen der Kitzlochklamm und weiter drinnen, im Seidlwinkeltal, hoch oben auf den Hängen der Maschlalm.

Die Herbstzeitlose (Colchicum autumnale L.) kommt nur im unteren Teil des Tales vor, gegen die Kitzlochklamm zu. Sie ist ein giftiges Zwiebelgewächs, 10—20 cm hoch, die Blüte ist langröhrig, lilafärbig und erscheint ohne grüne Blätter. Da sie oft erst im Oktober blüht, konnte ihr Vorkommen unbemerkt bleiben. In dieser späten Jahreszeit wäre eine Fruchtreife fast unmöglich; deshalb verbirgt sich die junge Fruchtanlage den Winter über in der Knolle und wächst erst im Frühjahr empor. Zur gleichen Zeit erscheinen auch die drei breiten, lanzettlichen Blätter.

Das Leberblümchen (Anemone Hepatica L.) drängt sich dagegen in den ersten Frühlingstagen zwischen Moos und dürrem Laube am Waldrand hervor. Auch diese Pflanze galt bisher im Raurisertal als nicht nachgewiesen, sie ist aber sowohl im Haupttal als auch im Seidlwinkeltal dort zu finden, wo alte, halbverfallene Kalköfen die nötige Bodenbeschaffenheit bekunden. Die hübsche Pflanze wird 8—15 cm hoch, die Blätter sind dreilappig und bleiben manchmal noch vom Vorjahre verwelkt stehen, die sechs bis neun elliptischen Blumenkronblätter sind blaß- bis dunkelblau.

In Gesellschaft des Leberblümchens würde man die Frühlingsknotenblume vermuten, aber diese scheint tatsächlich im Gebiete zu fehlen.

An Waldrändern zeigt sich da und dort, so im unteren Seidlwinkeltal, die neunblätterige Zahnwurz (Dentaria enneaphylla L.). Die Pflanze ist ein Kreuzblütler, der bis 30 cm hoch wird und gekennzeichnet ist durch drei dreiteilige Blätter am aufrechten Stengel. Die Doldentraube trägt zahlreiche weißgelbe Blüten, die bis in den Juni hinein zu sehen sind.

Auf waldumstandenen Hochmooren wächst die einzige „fleischfressende" Pflanze des Tales, der Rundblättrige Sonnentau (Drosera rotundifolia L.). Er wird 10—20 cm hoch, der Blütenstand ist eine gabelig geteilte Ähre mit kleinen, fünfteiligen Blüten. Höchst eigenartig sind die Blätter, rosettenförmig angeordnet, kreisrund und gestielt, mit roten Drüsenhaaren versehen. Man glaubte ehemals, im Sonnentau ein vorzügliches Mittel gegen alle zehrenden Krankheiten, vor allem gegen die Schwindsucht, gefunden zu haben. Darwin hat festgestellt, daß von den Blättern dieser Pflanze Mücken, Ameisen und kleine Käfer eingefangen, ausgesogen und verdaut werden. Erst wenn diese Nahrung voll verwertet ist, öffnet sich das Blatt wieder zu neuer Verwendung. Man hat später Versuche gemacht, ob die „insektenfressenden" Pflanzen ohne tierische Nahrung auskommen könnten, und es hat sich gezeigt, daß dies tatsächlich der Fall ist, daß aber die anderen mit tierischer Nahrung sich weit besser entwickelten und viel mehr Samen hatten. Der Rundblättrige Sonnentau, der gegenüber den „fleischfressenden" Pflanzen der Tropen nur eine ganz bescheidene Art darstellt, konnte von mir an der Grenze des Tales gegen Embach zu gefunden werden, er könnte aber auch sehr wohl in den kleinen Moorflächen der Grieswies vorkommen.

An Zäunen in der Umgebung des Marktes Rauris glänzen die großen, weißen Blüten der Zaunwinde (Convolvulus sepium L.). Sie öffnen sich früh am Morgen und schließen sich des Abends. Es geht die Sage, daß man Regen bewirken könne, wenn man das Öffnen durch Einknicken verhindert.

Auf feuchten Bergwiesen gedeiht der Feldenzian (Gentiana campestris L.), so an der Landstraße vom Hanslwirt nach Rauris. Er wird 5—30 cm hoch, ist vom Grunde aus meist verästelt und hat die Eigenart, daß er in der Sommerform von Mitte Juni bis anfangs August, in der Herbstform von da an bis in den Oktober blüht. Er ist dem Deutschen Enzian ziemlich ähnlich.

Eine ausgesprochene Schmarotzerpflanze ist die Flachsseide oder der Teufelszwirn (Cuscuta europaea L.). Der Stengel ist fadenförmig, blaßrot und blattlos und kann 150 bis 300 cm lang werden. — Die Blüten bilden einen Knäuel. Die Ranke zieht ihre Nahrung mit Hilfe von polypenartigen Saugnäpfen aus anderen Pflanzen, wie aus Brennesseln, Flachs, Pfefferminzen und Hopfen. Wurzeln und Keimblätter entwickelt der Teufelszwirn nur anfangs. Haben sich einmal die Saugnäpfe in genügender Anzahl gebildet, so stirbt der zum Boden reichende Teil ab und die Pflanze lebt nur mehr von ihren Wirten.

An sonnigen Waldrändern, in trockenen Gebüschen, so auf der Höhe, wo die Straße, von Taxenbach kommend ins Raurisertal einbiegt, findet die Schwalbenwurz (Cynanchum Vincetoxicum (L.) Pers.) ihr zusagende Lebensbedingungen. Die Stengel sind 30—60 cm lang, manchmal auch, sich am Boden windend, bedeutend länger. Die Blätter sind kurz gestielt, unten herzeiförmig, oben lanzettlich und stehen gegenständig gekreuzt. Die kleinen weißen, wie aus Wachs gebildeten Sternblüten sind in Trugdolden angeordnet. Zur Fortpflanzung hat die Schwalbenwurz einen recht komplizierten Mechanismus ausgebildet, der eine Bestäubung ohne Insektenhilfe unmöglich macht. Früher hat man sie, wie der lateinische Name besagt, als Mittel gegen Gifte verwendet. Die Wurzel, die schweißtreibend wirkt, mag noch heute hie und da Verwendung finden. Jedenfalls ist Vorsicht am Platze, da die Pflanze selbst stark gifthältig ist. Sie gehört der Familie der Asclepiadaceaen an, deren Vertreter namentlich im Süden zahlreich vorkommen.

Auf trockenen Wiesen findet sich der sogenannte kleine Wiesenknopf (Sanguisorba minor Scop.). Der kantige, 30—50 cm hohe Stengel trägt grünliche, an der Lichtseite rötliche Köpfchen, die von unten nach oben zu aufblühen und nektarlos sind. Die unteren Blüten sind meist männlich mit vielen weit heraushängenden Staubgefäßen, die mittleren sind zwitterig, die obersten weiblich mit großen, pinselförmigen Narben.

Daß in der ursprünglichen Aufstellung unser bescheidenes Gänseblümchen (Bellis perennis L.) keine Aufnahme gefunden hat, kann nur auf ein Versehen zurückgeführt werden. Es blüht in der Rauris genau so wie überall sonst zu vielen Tausenden. Es verschönt den März genau so wie den Spätherbst. Es wird 3—10 cm hoch, die grünen Blätter sind verkehrt eiförmig und bilden eine Rosette, das Körbchen selbst hat weiße Zungen- und gelbe Scheibenblüten.

Kommt man vom Ager her weiter ins Tal herein, so trifft man da und dort auf feuchten, tiefgründigen Wiesen, etwa zwischen Hanslwirt und dem Markt Rauris, den Wiesenbocksbart (Tragopodon pratensis L.). Er wird 30—60 cm hoch, die Blätter sind schmal-lineal, das tiefgelbe Körbchen öffnet sich zwischen 9 und 10 Uhr und schließt sich gewöhnlich kurz vor Mittag. Stengel und Wurzel haben einen besonders süßen Milchsaft und danach wird die Pflanze auch Gauchbrot, Milchblume oder Süßling genannt.

Im späten Frühling blüht die Pechnelke (Viscaria vulgaris B.). Diese Pflanze kann fast einen halben Meter hoch werden, der schlanke Stengel trägt zahlreiche rote Blüten. Die Blätter sind gegenständig und lanzettlich. Der Wurzelstock ist ausdauernd. Kennzeichnend für die Pflanze ist, daß der Stengel unter dem Gelenk mit pechartigem Leim überzogen ist, daher der Name. Im Raurisertal findet sich die Pechnelke unweit der Landstraße, wo sie von Taxenbach her auf der Höhe einbiegt, weiters im Gaisbachtal.

Den Campanula-Arten ähnlich ist trotz ganz anderen Aussehens die Jasione oder das Sandglöckchen (Jasione montana L.), das an trockenen Orten zu finden ist, so westlich vom Markt Rauris beim Aufstieg zur Reiserachalm. Aus einem Büschel schmaler, kraushaariger Grundblätter erwachsen viele dünne Stengel, 15—40 cm hoch, die zahlreiche kleine, blaßblaue Blüten tragen. Jede einzelne Blüte hat einen fünfzipfligen Kelch.

Da und dort auf Feldern und an Gartenrändern sind vom Juni bis in den Herbst hinein die leuchtend gelben, in einer Traube angeordneten Rachenblüten des Gemeinen Leinkrautes zu sehen, auch Kleines Löwenmaul genannt (Linaria vulgaris M.). Die Höhe schwankt zwischen 30 und 60 cm, die Blätter sind lanzettlich, lineal und graugrün; kennzeichnend für die Pflanze ist ihr weißer Milchsaft. Der Name Leinkraut oder Frauenflachs soll daher stammen, daß im Mittelalter die Hausfrauen der Stärke einen Absud der Pflanze mit Alaun beifügten. Die Wäsche erhielt dadurch zum Unterschied von heute, wo man sie bläut, einen gelblichen Ton.

Am Rande von Wäldern und Gebüschen, so zwischen Kitzloch und Ager, am Ostufer der Ache, bringt im ersten Frühling das Bisam- oder Moschuskraut (Adoxa Moschatellina L.) seine bescheidenen Blüten heraus. Es wird 8—10 cm hoch, der Stengel ist rötlichweiß, glasartig und trägt zwei gestielte Grund- und zwei gegenständige, dreiteilige graue Stengelblätter. Die Blüten sind grünlichweiß und duften nach Moschus.

Im Juli und August blüht in feuchten Wiesen, an Rainen, so am Kitzlochweg zum Ager, die Skabiosen-Flockenblume (Centaurea Scabiosa L.). Obwohl sie in ihren Blättern, wie schon der Name ankündet, den Skabiosen ähnlich sieht, gehört sie zu den Compositen. Es ist eine überaus eindrucksvolle Blume, die weit über einen Meter hoch werden kann. Die Blätter sind spinnwebig behaart, die Blüten sitzen einzeln am Stielende, in großen, sehr dicken, kugelförmigen Körbchen. Die Farbe ist ein trübdunkles Karmesinrot. Mit den strahlenden, in der Größe sehr wechselnden Randblüten, die stets geschlechtslos sind, erreicht das einzelne Körbchen einen Durchmesser von 5—6 cm. Bemerkenswert ist, daß die Wurzel, wenn man die oberirdischen Teile abschneidet, imstande ist, Laubsprosse zu bilden. So schön die Pflanze ist, so muß sie doch als Unkraut gewertet werden, da sie ein hartes, vom Vieh verschmähtes Futter liefert und bessere Wiesenpflanzen verdrängt.

Selbstverständlich kann diese Aufzählung im Raurisertal neu aufgefundener und nach Standorten bestimmter Pflanzen keinen Anspruch auf Vollständigkeit erheben. Eine große Umwandlung mag der Bau des neuen E-Werkes für die Aluminiumgesellschaft von Lend und damit die Errichtung eines Staudammes beim Hanslwirt zur Folge haben. Es ist dadurch ein Staubecken von rund 800 m Länge und bis 150 m Breite geschaffen worden. Je mehr sich der Boden der Beschaffenheit eines natürlichen Seebeckens nähert, desto wahrscheinlicher werden eines Tages dort Schilf und andere Wasserpflanzen, die bisher im Raurisertal nicht festgestellt werden konnten, ihre Heimat finden. Man bedenke, daß etwa bei einem Straßenbau mit den Stiefeln der Arbeiter oder mit den Schmutzkrusten der Lastkraftwagen Samen von Pflanzen in Gegenden gebracht werden, wo sie nie zuvor geblüht haben. So bestätigt sich, daß alles einer ständigen Umwandlung unterworfen ist. Es wäre ungemein interessant, auch diesen Veränderungen im Rahmen eines einzelnen Hochtales, wie es die Rauris ist, nachzuforschen.

Sagen aus dem Raurisertal[1])

Von Sigmund Narholz, Rauris

Es durfte nicht vorkommen, daß die Knappen an Sonn- und Festtagen arbeiteten. Wer es dennoch tat, hatte die ärgste Strafe vom Bergmandel zu gewärtigen. Ein Knappe erzählte es dem anderen, wie einmal einer, der an einem Sonntag mit einem Hunt Erz förderte, abends nicht mehr in das Knappenhaus zurückkehrte. Am anderen Tage fanden ihn die Kameraden tot im Stollen. „'s Bergmandl hatn zdruckt!"

Auswärtige Bauern haben vielfach ihre Almen im Hüttenwinkel- oder Seidlwinkeltal. So auch der Edtbauer von Taxenbach. Als dieser einmal in das Leiterkar hinauf ging, kam ihm ein kleines, grauhaariges Männlein unter, das er sofort als ein Bergmandl erkannte. Dieses sagte zu ihm: „Geh, sei so guat und drah ma in da Hüttn meine Gamshäut um. An Lohn für den Gfalln kannst da auf da Stelln hinta da Tü(r) holn." Der Bauer fand tatsächlich in der Hüttn zehn Gamshäut. Er drehte sie um und wollte sich dann den Lohn holen. Auf der Stelle lagen jedoch nur „Taxküah" (Fichtenzapfen). „Dös Mannl hout mi schö ongschmiat", dachte sich der Bauer, nahm aber doch die schönsten Zapfen für seine Kinder zum „Küahspieln" mit. Wie erstaunte aber der Bauer, als er die Zapfen am nächsten Tag sah! Sie waren aus purem Gold.

*

Als sich in Kolm-Saigurn einmal ein „vorderbeiniger" Knappe beim Brunnen wusch, kam ein kleines, altes Männlein auf ihn zu und sagte: „Oes müaßts dö Kuah ban

---

[1]) Vorbemerkung der Redaktion:
Herr Schuldirektor Sigmund Narholz hat uns dankenswerterweise eine reichhaltige Sammlung von Sagen aus dem Raurisertal zur Verfügung gestellt, die einen aufschlußreichen Einblick in das Volksleben und in Glauben und Aberglauben der Menschen um den Sonnblick herum vermitteln.

Auta melchn und nit ba dö Häana (Hörner)." Damit wollte er sagen, daß immer zu hoch am Berge nach Gold gegraben wird. „Göih mit mia, i zoag da d'Stell, wo ihr grabn müäßts." Da der Knappe aber nicht gleich mit ihm ging, sondern in das Haus eilte, um sich abzutrocknen, verschwand das Männlein.

Im Hüttenwinkel gab es besonders ertragreiche Goldgruben. Die Knappen, die dort arbeiteten, wurden, da sie sehr gut verdienten, so übermütig, daß sie zum „Kegeln" goldene Kegel und Kugeln und zum „Plattnwerfn" Platten aus Silber benützten. Sie gingen in ihrem Übermut so weit, daß sie sogar einmal einem Stier die Haut bei lebendigem Leibe abzogen und so laufen ließen. Der Stier konnte vor Schmerz nicht einmal mehr brüllen. Die Knappen lachten und einer schrie: „So gwiß da Stia neahma brülln ko, so gwiß wiascht in dö Gruabm 's Gold nia ausgehn!" Kaum hatte der Knappe das gesagt, brüllte der Stier und fiel dann tot nieder. Von da an waren in der Gegend keine Erzadern mehr zu finden. So hat das Bergmandl die Freveltat der Knappen gerächt.

*

Da die Knappen, die an das Bergmandl glaubten, dasselbe immer im Guten erhalten wollten, stellten sie in der Barbaranacht ein Essen, das sogenannte Bergmandlmahl auf den Tisch der Knappenstube, das sich das Bergmandl um Mitternacht holen sollte. Einer, der daran nicht recht glauben wollte, versteckte sich im Stubenofen und bohrte sich ein kleines Loch, um in die Stuben gucken zu können. Als die große Gesenkuhr zum Zwölfuhrschlagen ausholte, kam das Bergmandl im Grubenkleid, den Hammer im Gürtel, das bläuliche Grubenlicht in der Hand, bei der Tür herein, schaute in der Stube umher, ging auf den Ofen zu und klopfte mit dem Hammer auf das Loch, aus dem der Knappe ihn beobachtete. In diesem Augenblick erblindete der Knappe, um nie wieder sehend zu werden.

Von den Knappen ging selten einer allein in die Grube. Sie fürchteten sich heimlich vorm Bergmandl, denn es gab kaum einen, der nicht irgendeine böse Tat auf dem Gewissen hatte. Das Bergmandl zeigte durch Klopfen und Picken die reichhaltigen Erzadern den Knappen an. Keiner durfte, wenn solches Klopfen hörbar wurde, pfeifen oder lachen. Dadurch wurde die erzreichste Ader in taubes Gestein verwandelt. Ein Jäger, der in den wilden Wänden des Scharecks auf Gemsen pürschte, begegnete dort einem alten, kleinen Männlein. Der Jäger sagte zu ihm: „Was tuast denn du da herobn? Göih (gehe) do awö (hinunter) ins Tal." „I konn nit mein alten, blindn Vatan verlaßn", antwortete das Männlein. Der Jäger wollte nicht glauben, daß der Vater dieses greisenhaften Männleins noch lebe und bat, den Vater sehen zu können. „Den kannst scho sehn, aber paß auf und gib ihm ja deine Hand nit zum Gruß. Also geh mit mir." So sprach das Männlein und führte den Jäger in eine tiefe Höhle. Dort sah er auf einem Stein richtig den Vater. Der Jäger legte ihm zum „Grüaß Gott!" den Bergstecken in die dargebotene Hand, den er wie einen Schotten zerdrückte. Nun war ihm der Rat des Männleins klar. So oft der Jäger sein Erlebnis zum besten gab, zeigte er zur Bekräftigung seiner Worte den zerdrückten Bergstock.

*

Wie das Bergmandl, so spielte auch das Venedigermandl im Leben der Bergknappen eine große Rolle. Neben dem Königsstuhl, einer Bergspitze im Seidlwinkeltal, ist hoch oben ein kleiner Gebirgssee, eine „Lackn". Da mußte einmal der „Karer" (Galtviehhirt) sehen, wie ein kleines, altes Männlein mit einer Pistole in die Lackn hineinschoß und dann mit einem „Gazl" (Schöpfer) goldigen Schaum, der mit dem Schuß sich bildete, abschöpfte und dies so lange tat, bis sein Ranzl mit Gold gefüllt war. Das konnte nur ein Venedigermandl gewesen sein.

Der Bergrücken, der das Seidlwinkeltal und das Hüttwinkeltal trennt, heißt im Volksmunde „Mittabirg". Im Innern dieser Berge soll es so viel Gold geben, daß es sich's lohnen würde, den ganzen Bergrücken mit einem „Schardach" zuzudecken. Gleich zu Beginn dieses Bergrückens, am Loibeneck, soll die Goldader „ausbeißen", und zwar dort, wo eine Steinrosenstaudn mit weißen Blüten steht.

Im Rauris gibt es mehrere Quellen, die Goldbründl und Goldlackl heißen. Es soll vorkommen, daß Tiere, die an solchen Quellen Wasser trinken, Gold im Magen haben.

Der alte Hoisbauer sah, wie ein Mann jedes Jahr aus einem Bründl auf der Edweinalm den Sand, in dem Gold enthalten war, herausschöpfte und mitnahm. Der Hoisbauer tat es ebenfalls, fuhr mit dem Sand nach Salzburg und wollte ihn dort verkaufen. Wie er so durch die Straßen der Stadt ging, rief ihm ein Mann aus einem Fenster zu, er soll zu ihm kommen. Der Bauer ging in das Haus und sah da den Mann, der auf der Edweinalm immer den Sand holte. „Du", sagt der Mann, „du hast mir mein Sand gstohln und i sollt di eigentlich jetzt daschieaßn. Aber das du siagst, daß i's guat mit dir moan, daschiaß i nur a deinige Kuah." Der Mann ließ den Bauer in einen Spiegel schauen, in dem er deutlich seine Alm mit den Kühen sah. Da schoß der Mann mit einer Pistole in den Spiegel. Der Hoisbauer schaute, daß er weiterkam. Daheim mußte er erfahren, daß seine beste Kuh zur gleichen Stunde „abkugelte" und hin war, als der Mann in den Spiegel schoß.

*

Ebenso bekannt und vertraut wie Bergmandl und Venedigermandl waren den Knappen die Wildfrauen. Heute zeigt man noch an den Abhängen der Türchlwände die Wege, auf denen die Wildfrauen wanderten. Sie heißen „Heiden- oder Enawege". Jedermann wußte, daß die Wildfrauen ihren Weizen aus den Äckern oberhalb des Fröstlwaldes holten und der Anger der Aueralm im Lercheck ihr „Freidhof" war. Da schoß einmal ein Jäger eine Gemsgeiß. Kaum hatte er sie aufgebrochen, als eine Frau mit einem Kinde am Arm daherkam. Sie weinte und fragte den Jäger, warum er ihre Milchkuh erschossen habe. Das war eine wilde Frau. Die Gemsgeißen waren die Milchkühe der Wildfrauen.

Ihren Gottesdienst hielten die Wildfrauen in einer unterirdischen Kirche im Forsterbach bei den Türchlwänden. Dort soll sich heute noch ein Schatz befinden. Das kleine Wässerlein, das aus dem Innern der Wand fließt, glänzt goldig. An einem Sonnwendtag könnte der Schatz gehoben werden.

Ein Melker auf einer Alm in der Nähe der Türchlwand bemerkte, daß eine Wildfrau an bestimmten Tagen stets eine Kuh molk. Mit eigenen Augen hat er das gesehen. Er ließ es geschehen, da er beim Melken nicht sagen konnte, daß etwa die Kuh weniger Milch geben würde. Als er wieder einmal die Wildfrau traf, als sie gerade beim Melken war, fragte er sie, warum sie denn das tue. Da sagte sie: „Ich nehme mir nur so viel Milch, als ich für mein kleines Kind brauche. Weil du mir das erlaubst, will ich dir eine große Kunst lehren, die dich reich machen wird." Und sie zeigte ihm, wie man aus Jute Wachs machen kann. Der Melker war froh, daß es ihm nicht so ging wie dem der Nachbaralm. Der hatte eine Wildfrau, die gerade eine seiner Kühe molk, beschimpft. Als Strafe dafür gaben seine Kühe von da an keine Milch mehr.

Besonders zu fürchten hatten sich jedoch die Kinder, die ungewaschen am Morgen ausgingen. Begegnete diesen eine Wildfrau, wurden sie in den Bach gestoßen.

Es kam vor, daß eine Wildfrau in das Haus eines Bauern ging, um Milch zu erbitten; so kam einmal eine solche Frau zu einer Bäuerin im Forsterbachtal. Sie bat um etwas Milch für ihr Kind. Die Bäuerin brachte ihr Milch und gab ihr obendrein noch ein wenig

Mehl. Darüber freute sich die Wildfrau und sagte zur Bäuerin: „Wenn du in mondhellen Nächten an den Hängen der Türchlwand aufgehängte Wäsche siehst, so bringe alles vom Felde rasch unter Dach, denn wenn ich meine Wäsche trockne, wird es schlecht Wetter." Die Bäuerin war froh, das zu wissen, und versprach der Frau, daß sie ihr immer, wenn sie komme, Milch geben werde. Die Frau aber bat, ihr die Milch an einem bestimmten Orte hinzustellen und auch etwas zum Flicken und Stricken dazuzugeben. Die Bäuerin tat dies. Jedesmal waren Milch, Flick- und Strickzeug dahin und die fertige Arbeit lag jeden Morgen wieder am Platz. Die Bäuerin hatte nie Gelegenheit, der Frau zu danken, da sich dieselbe nie mehr sehen ließ. Als Dank legte einmal die Bäuerin zur Milch eine neue, „rupferne Pfoad" (Hemd aus Rupfen) für die Wildfrau. Das hätte sie nicht tun sollen. Die wilde Frau kam nie mehr wieder.

Der Knecht vom Wastlbauern verliebte sich in eine Wildfrau und kam öfters in einen Stadl oben am Grubereck mit ihr zusammen. Als sie gerade wieder einmal beisammen waren, kam ein alter Mann, der mit dem Bergstock auf den Boden stieß und sagte: „Da schau, dös wa(r) a guats Bohnaland!" Auf das hin sagte die Frau: „Jetzt mußt gehn und darfst nimmer kommen. Aber weil du so lieb zu mir warst, kannst dir etwas wünschen." Der Knecht wußte nicht recht, was er sich wünschen solle. Nach längerem Nachdenken sagte er: „I hab allweil zwenk Zwirn, bal i flicken tat. I wünsch ma a Knöllerl Zwirn, das nia gou wiascht!" Er bekam von der Wildfrau einen Zwirnknäuel, an dem er sein Leben lang genug hatte.

Der Gaunsbergerbauer war in eine Wildfrau derart verschossen, daß er oft mit ihr in einem Scherm in Lercheck zusammenkam. Das Weib des Bauern, das vom unrechten Treiben ihres Mannes erfuhr, schlich sich einmal heimlich nach und redete ihm gut zu, er möge von seinem Tun ablassen, und bewog ihn zur Umkehr. Als aber der Bauer ein andermal trotzdem wieder zur Wildfrau ging, empfing ihn diese mit bösen Worten und schalt ihn, weil er mit ihr falsch war und nicht sagte, daß er verheiratet sei. „Weil aber dein Weib mit dir gut war, will auch ich dir verzeihen. Sonst aber hätt ich dich zu ‚Lab und Stab' (Laub und Staub) zerrieben." Damit verschwand sie und ließ den Bauern stehen.

Eine Wildfrau war einmal bei einem Bauern, einem kleinen Bergbäuerl in Forsterbach, viele Jahre als Sennin auf der Alm in Dienst. Gab es früher auf der „stickeln Alm" immer einen „Unreim" um den anderen, brachte diese Sennin jeden Herbst die Tiere gesund und wohlbehalten zu Tal. Als der Bauer einmal, von einem Viehmarkt kommend, durch die Kitzlochklamm heimzu wanderte, hörte er ganz nahe und deutlich eine Stimme sagen: „Baua, sag der Hillilanda, der Hillilit ist tot." Als der Bauer daheim das in Anwesenheit der Sennin erzählte, fing diese laut zu heulen an und sagte: „Jetzt kann ich nimmer bleiben, der Hillilit ist mein Vater." Und verschwunden blieb sie für immer. Nun wußte der Bauer, daß seine Sennin eine Wildfrau war.

Beim Ainatbauern (Örgbauern) war viele Jahre hindurch eine Wildfrau als Magd im Dienste. Alles liebte die Dirn, Friede und Eintracht herrschte im Hause und die Wirtschaft ging in Ordnung. Eines Abends saßen die Ehhalten gerade bei der „Milchsuppn", als sich die Tür öffnete und ein gänzlich unbekannter Mann auf der Schwelle stand, der mit tiefer, ernster Stimme, zur Magd gewendet, sagte: „Buwa, Tatlitz ist tot!" Die Magd wurde leichenblaß, fing an zu weinen, sprang auf und verschwand mit dem Manne auf Nimmerwiedersehen. Der Segen, der bisher auf Haus, Stall und Alm ruhte, ging auch für die Zukunft nicht verloren. Der Geist der Wildfrau schien überall zu schalten und zu walten.

*

Stark war der Glaube der Rauriser an die Zauberei. Der berühmte „Zauberer-Jakl" aus Zell am See, der Schinderhannes und der gefürchtete „Hennabua" waren den Raurisern keine Unbekannten. Sogar heute noch will manch Bäuerlein nicht glauben, daß das „Verticken", wie es das „Verzaubern" und „Verhexen" nennt, nur ein „Gredat" ist. Der gefürchtetste Zauberer im Tale war der Rester, der wie kein zweiter das „Verticken" verstand. Die Kühe zu verticken, daß sie keine Milch mehr gaben, den Leuten den „Gsund" zu nehmen, den Tieren den „Krank" zu wünschen u. a. m. waren für ihn nur Kleinigkeiten. Ein Roßknecht, der mit dem Saumschimmel heimfuhr, begegnete dem Rester, als er gerade auf einem Schlitten einen Sack Getreide zog. „Leg ma mein Sack auf", bat der Rester. „Han eh scho zviel aufglegt, da Buga schwitzt eh scho." „Is's a grecht", gab der Rester zur Antwort und zog seinen Schlitten voran, aber so schnell, daß er lang vor dem Roßknecht in Landsteg ankam. Er ging dem Roßknecht ein kurzes Stück entgegen, strich dem Roß mit der Hand über den Rücken und sagte: „A schöns Rossei hast d'da, richtig a schöns Rossei." Und verschwunden war er. Gleich darauf spreizte der Schimmel die Beine, begann fürchterlich zu schnaufen und fiel tot zu Boden. Der Rester hatte das Roß „vertickt".

Einmal aber kam der Rester zum Draufzahlen. Er kam zu den Almhütten, um „Buttamoassei" zu betteln. Die Sennin auf der Filzenalm, die ihn erkannte, gab ihm wohl a „Mousei", aber nur a ganz kleines. Das ärgerte den Rester. Als er wegging, nieste er auffällig gegen die Saustalltür. Das hat der Halterbub genau gesehen. Und richtig, am anderen Tag waren drei junge „Fackerl" tot. Der Halterbub machte gleich einen eisernen Türriegel glühend und fuhr dem „Fackelfack" damit über den Rücken. „Nit amal die Bächta (Borsten) hat's gsengt", sagte der Bub. Als er aber einige Tage darauf dem Rester begegnete, sah er, daß derselbe im ganzen Gesicht voll Brandflecken war. „Dö Pletzen sand von glüantinga (glühenden) Eisen", dachte sich der Lipp und lachte schadenfroh in sich hinein.

Ein ganz arger Zauberer war auch der „Hennabua". Der konnte sich in die verschiedensten Tiere, Gegenstände usw. verwandeln. So konnte man nie wissen, mit wem man es zu tun habe. Den Namen „Hennabua" erhielt er durch folgende Begebenheit. Es war ein ungemein strenger Winter. Der Schnee lag mannshoch. Der „Hennabua" saß als unbekannter Hüterbub mitten unter Raurisern in einem Wirtshaus. Man redete von dem und jenem, und da kam die Rede auf die Ausdauer im Gehen. Der Fremde sagte: „Heut hätt's grad recht viel Schnee zum Bucheben gehn. I wett, daß ich, wann i neban an Weg geh, eher nach Bucheben kimm als oana von enk, der nachn Weg geht." Es kam nun zu einer Wette. Der Fremde watete im tiefen Schnee, der Rauriser ging dem Weg nach. Als er „zaunmüad" nach Bucheben kam, war der Fremde schon dort. Als man aber Nachschau hielt, wo der Fremde eigentlich ging, sah man im tiefen Schnee nur die Spur von Hühnerfüßen. In Wirklichkeit waren es aber Teufelskrallen. Oft wurde der „Hennabua" von Gendarmen verfolgt, aber nie konnte man ihn „dawischen" (erwischen). Er verwandelte sich das eine Mal in eine Torsäule, ein andermal in eine Wagendeichsel, dann wieder in eine Maus, in einen Mühlkübel usw. und hielt so seine Verfolger zum Narren.

*

Nicht weniger gefährlich waren die Hexen. Auf dem Heiligenbluter Tauern haben sie an gewissen Tagen um Mitternacht ihre Zusammenkünfte gehabt. Dabei ist es oft recht fidel hergegangen. Der Spielmann Michel mußte mit seiner Geign zum Tanz spielen. In der Regel waren junge, fesche Weibsbilder die Hexen. Dem Örgbauer in Rauris wurde zweimal von einer Hexe das Vieh „vatickt". Durch einen Zufall lernte er die Hexe kennen. Der Hüter auf der Alm wußte sich nicht mehr zu helfen. Die Kühe grasten nimmer und hatten aber einen derartigen Hunger, daß sie die Zaunstecken fraßen. Milch gaben sie keine. Der Bauer fragte nun den Schinderhannes von Zell am See. Der stellte ihm ein Glas mit Wasser vor. Da mußte der Bauer hineinschauen. Er sah im Wasser sein Haus, seinen Hof und sah auch, wie gerade über die Dachscheide ein junges Weibsbild ging und aus einem Sechter Wasser auf den Hof goß. Das war die Hexe, die sein Vieh vertickte.

Ein Knecht vom Örgbauer ist einmal beim „Fensterlngehn" gerade um Mitternacht beim Hasenbachhäusel vorbeigegangen. Da er in der Kuchl Licht sah, schaute er beim Fenster hinein. Da sah er in der Kuchl zwei blutjunge Weiberleut, die sich mit einer Salbe auf und auf einschmierten. „'s Gspadei" (Schachtel), aus dem sie die Salbe nahmen, stellten sie in den Kuchlkasten. Dann nahm die eine die Ofenschaufel, die andere den Besen, und auf ging es durch den Rauchfang. „Gröchn aufö und ninascht on, gröchn aufö und ninascht on." So riefen die beiden, und dahin ging's in einem Saus. Das wollte der Knecht auch probieren. Er ging ins Häusel, nahm „'s Salbngspadei" aus dem Kasten, schmierte sich ein, setzte sich auf einen Besen, und schon ging es dahin, daß ihm Hören und Sehen verging. Aus Angst hat er falsch gerufen, nämlich: „Gröchn auf und überall on." An alle Bäume und Felsen stieß er an, bis er wieder in der Nähe des Häuschens landete. Gerade schlug es ein Uhr. Da wurde Licht in der Kuchl. Der Knecht sah die beiden Weiberleut und vor ihnen zwei Schüsseln mit „Bschoadessen". Er bat die beiden um einige Sachen, die sie ihm wohl gerne gaben. Als er am nächsten Tag von den Sachen essen wollte, waren im Tüchl nur „Roßnudel".

*

Menschen, die sich im Leben irgendwelche Verfehlungen zuschulden kommen ließen, fanden oft nach dem Tode noch keine Ruhe. Weiberleut mußten als „Trud" drucken gehen, als Gestalt irgendeines Tieres ruhelos bei Nacht herumgeistern u. a. m. Mannerleut mußten nachts arbeiten, wandern, klagen, weinen, als Nachsenn auf der Alm hausen usw.

Beim Kramerwirt in Rauris war einmal eine Trud Kellnerin. Sie war ein fesches Weibsbild. Die Leute wußten, daß es eine Trud war, denn sie war als solche gezeichnet. Sie hatte Plattfüße. Wenn sie „drucken" gehen mußte, schlüpfte sie jedesmal aus ihrem Leib. Diesen lehnte sie indessen vor das Haus oder den Stall, je nachdem, wo sie zu tun hatte. Aus und gschehn wär's, wenn an den Leib jemand stoßen und ihn umwerfen würde. Die Trud würde nie mehr in den Leib zurückfinden und das Weiberleut müßte immer eine Trud bleiben. Alle Leute, besonders die jungen Burschen, hatten Mitleid mit der Dirn. Ein junger Bauer fragte sie einmal, ob ihr denn nicht zu helfen wäre. „Freili war ma zhelfn", sagte die Kellnerin. „I soll halt amal a Roß zdrucken kinna." „Ja, wann's nit mehr ist, dös laßt sö ja machn." Da er dies nicht für möglich hielt, erlaubt er ihr, daß sie sein Roß „zdruckn" kann. Am nächsten Morgen lag das Roß tot im Stall und die Kellnerin dankte dem Bauer dafür, daß er sie erlöst habe.

Auf der Krottmoosalm hauste stets ein Nachsenn, und wenn einmal „abgetrieben" war, getraute sich niemand mehr auf die Alm. Der Werfer (Dienstbote) war ein recht schneidiger Bursche. Um seine Schneid zu erproben, sagte der Bauer zu ihm: „Wannst ma von der Alm an Milchseicher und an Seichriedl holst, schenk i da mei rotröcklat Kuah." „Da is weida eppas dabei", sagte der Werfer und ging gleich zur Alm hinauf. Da kam er aber schön an. Der Nachsenn, ein Mann mit großem Buckel und langem Bart, rief ihm schon entgegen: „Kriagst die Kuah und 's Kaiwai (Kalb) a dazua." Dann packte er ihn und warf ihn im Bogen über den steilen Abhang. Der Werfer aber gab nicht nach. Zweimal warf ihn der Nachsenn noch hinab, und als der Werfer abermals hinaufging, trat ihm der Nachsenn entgegen und brachte den Milchseicher und den Seichriedl und sagte: „I dank dir, hiatz bin i dalöst."

Eine gefürchtete Trud war die „Kuahwampn". Der Schuster war einmal beim Bauern auf der Stör. Als er in der Nacht aus der Stube gehen mußte, rollte ihm eine Kuhwampen zwischen den Beinen durch in die Stube. Dies ärgerte den Schuster und er stach mit der Ahle nach ihr. In der Früh sah der Schuster, daß die Bäuerin einen frischen Stich ober dem rechten Auge hatte, und er wußte nun, wer in Gestalt einer „Kuahwampn" bei ihm war. Die Bäuerin war also eine Trud.

*

Ein recht gerne gesehenes Almgeistlein war das „Kasmandl". Dieses hauste über Sommer auf der Alm und war der Schutzgeist über Alm und Tiere. Mit kleinen Holzschühlein an den Füßen ging das Männlein in schönen Nächten klappernd über den Almboden. Dort, wo das Männlein hintrat, sproß üppiges und saftiges Gras empor.

In der Krummel wurde oft eine weiße Gemse gesehen. Viele Jäger wollten sie schießen, doch keiner drückte los, da sie, wenn sie die Büchse angeschlagen hatten, nicht mehr die Gemse, sondern ein altes Männlein auf dem Korn hatten. Einer aber, der dies nicht glauben wollte, machte sich auf, die Gemse zu erlegen. Als er die Gemse sah, fuhr er zur Wange und als er den Finger krümmte, ging ein Zittern durch seinen Leib. Der Schuß löste sich, und als der Rauch sich verzog, kam auf ihn ein altes gebrechliches Männlein geschritten, reichte ihm die magere Hand entgegen und sagte: „Vagelt's God, Jaga, du host mi dalöst", und verschwunden war es. Aber auch die weiße Gemse ward nie mehr gesehen.

Der Hüter in der Sinebenalm im Gaisbachgraben, seinerzeit eine der besten Almen, sah öfter zwischen den Hörnern einer Kuh ein kleines Männlein sitzen. Er ärgerte sich darüber, und eines Tages schlug er mit einem Stecken nach dem Männlein. Mit einer gellenden Stimme, die man ihm gar nicht zugetraut hätte, schrie es: „Beer ab, beer ab." Sodann verschwand es spurlos vor den Augen des Hüters. Aus war es mit den saftigen Gräsern. Aus der einst so fetten Alm wurde eine schlechte Schafweide. Des Männleins Fluch ging in Erfüllung. („Beer ab" bedeutet soviel wie „Nimm ab, werde schlechter, magere ab".) Das Männlein war sicher ein verzauberter Hirte, dem die Erlösungsstunde noch nicht geschlagen hatte, oder ein Almgeistlein, das die Alm so lange segnete, als es nicht mutwillig vertrieben wurde.

*

Ein Zoggelmacher (Patschenmacher) hat am Georgitag unter der Kirchzeit Zoggeln gemacht. Seine Schwester ermahnte ihn, das nicht zu tun, damit er sich nicht versündige. „Mir war nix liabas, als wann i drei Jahr vor und nachn Sterbn nix wia Zoggeln machn müassat." So sagte der Mann. Und richtig hat man den Mann lang nach seinem Tode noch immer Zoggeln machen gehört, und hauptsächlich unter der Kirchzeit. Beim Wandlungsläuten hat es immer einen „Rumpler" gemacht, wie wenn der Hammer oder ein Leisten zu Boden fallen würde. Drei Jahre nach seinem Tod erschien er seiner Schwester und bat sie, sie möge ihm drei weiße Messen lesen lassen. Das tat sie, und von da an hörte niemand mehr etwas vom Zoggelmacher.

Manche Leute verstanden sich auf das „Anbannen". So wurden Tiere gezwungen, auf einem Fleck stehen zu bleiben, diese konnten sich nicht mehr rühren, Jäger wurden von Wilderern an eine Stelle gebannt. Ja sogar der Teufel soll hiebei nicht verschont worden sein.

Ein Jäger hat in der Krumml ein Rudel Gemsen beobachtet. Auf einmal sah er, wie die Gemsen stehen blieben und sich nicht mehr rührten. Da ging ein Mann auf sie zu und erstach mit seinem Stichmesser einen Gemsbock. Der Jäger wollte hinlaufen, aber er konnte nicht vom Fleck kommen. Der Wilderer hatte ihn und die Gemsen gebannt. Es war schon dunkel, als der Bann ausließ. Den Jäger packte das Grausen, und er machte sich auf und davon.

Ein andermal wurde ein Jäger von einem Wilderer in den Grieswiesmahdern angebannt. Nicht einmal „blenackln" (mit den Augen blinzeln) hat er können. Erst nach Sonnenuntergang hat der Wilderer den Bann gelöst.

Ein Bauer ist einmal mit seinen Buben über den Tauern gegangen. Auf der Fraganterscharte haben die Buben Gemsen gesehen: „Ah", sagte einer, „wann ma na dränga zuachö kammaten, daß ma's guat sachn." Da sagte der Vater: „Dös kinna ma ja toa." Sie gingen hinzu, ohne daß die Gemsen flohen. Die Buben konnten die Gemsen sogar streicheln. Als der Bauer dann den Bann löste, gingen die Gemsen davon.

In Zell am See konnte mitten im Markt ein Vierspänner nicht mehr vom Fleck fahren. Die Pferde legten sich mit aller Kraft in die Stränge — umsonst. Da wurde der Fuhrmann zornig und schlug bei einem Rad eine Speiche ab. Leicht zogen die Pferde nun den Wagen weiter. Zur gleichen Zeit aber wurde in Rauris einem Bauern das Schienbein abgeschlagen. Er war es, der den Vierspänner bannte.

Der alte Örgbauer hat es verstanden, Diebe zu bannen. Als er einmal mit dem Säen nicht fertig wurde, ließ er einen Sack mit Saatgetreide über Nacht auf dem Acker stehen. In der Früh sah der Knecht, wie gerade ein Mann den Sack auf seinen Rücken heben wollte. Er sagte das dem Bauer. Dieser ging gleich zum Acker hinauf, wo der Dieb noch unbeweglich stand: „Tua na an Sack wieda aba, va hiatz an weascht wißn, daß d' ba mia nix mehr ztoan hast." So sprach der Bauer und löste den Bann.

Daß sich die Seele gleich nach dem Tode eines gut Bekannten oder Verwandten anmeldet, ist ein Glaube, der bis in die Gegenwart reicht. Ganz besonders sind es die Seelen kleiner Kinder, die sich anmelden.

Das alte Bodenhausmuattal wurde auf gar sonderbare Weise von dem Tod eines jeden Kindes, das im Raurisertal starb, verständigt. Bei dem Tod eines Kindes klapperte jedesmal die Tischtruhe (Tischlade). Das alte Muattal wußte auch, wieso das so kam. „Dö kloan Kinda san halt alleweil voll Hunga und da kehrn s' halt ba der Tischtruchn zua." So erklärte sie das Anmelden. In der Tischlade wird nämlich das Brot verwahrt.

Einem ärarischen Verwalter ist einmal eine gar gruselige Sache passiert. Er fuhr mit seinem Wägelchen nach Rauris. Als er beim „Wiesach" fuhr, sah er vor sich einen Leichenzug. Er wunderte sich nicht wenig, da er nichts vom Tode eines Raurisers gehört hatte. Er wollte dem Leichenzug vorfahren und benützte dreimal hiezu eine passende Gelegenheit, so beim „Mannischen Gaßl" auf der Einaten, und über Weidach. Es gelang ihm aber nicht. Wenn er glaubte, den Leichenwagen hinter sich zu haben, sah er ihn wieder vorne. So hinter der Leiche langsam nachfahrend, kam er im Markt Rauris an, wo sich der Leichenzug dem Friedhof zuwandte und dort verschwand. Am nächsten Tage starb der reichste Bauer von Rauris.

Ein weit und breit bekannter Lügner, der „Recklugna", war auf dem Weg in die Dienten (Ort am Hochkönig). „I göich eichö sterbn", antwortete er einem Holzknecht, der ihn fragte, was er in der „Deantn" drinn mache. Der Holzknecht ärgerte sich über diese Antwort und gab seinem Unwillen darüber Ausdruck. „Kannst es scho glabn, daß 's a so is. Mi und di legns oih (eh) in oa Gruabn." Und richtig starb der Mann in Dienten und den Holzknecht hat ein Bloch erschlagen. Als Fremde wurden sie in ein und dasselbe Grab gelegt.

In der Knappenstube in Kolm saßen am Heiligen Abend mehrere Knappen beisammen und spielten Karten. Da richtete sich die Dirn zum Mettengehen zusammen und forderte die Knappen auf, mit ihr zur Christmette nach Rauris zu gehen. Die aber lachten nur und sagten, daß ihnen das Kartenspielen lieber sei. So ging die Dirn allein, begleitet vom treuen Hund. Sie war noch nicht weit gegangen, hörte sie, ohne jemand zu sehen, rufen: „Scheib ou (ab), scheib ou." Aus einer anderen Richtung hörte sie wieder: „Halt aus, halt aus." Die Dirn kümmerte sich wenig und ging rasch ihres Weges. Da hörte sie wieder rufen: „Scheib ou, scheib ou", und die Gegenstimme: „Halt aus, halt aus." Nun wurde dem Weibsbild gruselig, doch ehe sie sich recht besinnen konnte, gab es ein furchtbares Getöse, Schnee, Bäume und Felstrümmer wirbelten durch die Luft, und es krachte, pfiff und heulte, daß der Dirn Hören und Sehen verging. Als sie nach der Mette heimkam, war das Knappenhaus von einer mächtigen Lawine begraben und der schützende Wald war verschwunden.

Über den Bluatner Tauern wanderte ein altes Geigerlein der Rauris zu. Ab und zu rastete er und spielte seine Gstanzln. Da hörte er aus der Luft eine Stimme rufen: „D'Stund is dou, Stund is dou, aba da Mensch no nit." Dem Geiger packte das Grausen, und er wanderte rascher weiter. Als er schon dem Orte Luggau (Wörth) nahekam, sah er hinter einem Palfen drei Säumer sitzen, die in gottloser Weise über das Wetter schimpfen, da gerade ein tüchtiges Hochwetter niederging. Das Geigerlein erzählte, was er hörte, den Säumern und wanderte weiter, da er sich nicht unterzustehen getraute. Kaum war er einige Schritte gegangen, tat es einen „Blitz und Krach", der Felsen stürzte um und begrub die drei Säumer. Heute rinnen die Wassern der Seidlwinkelache darüber hinweg und am Ufer sieht man drei Kreuze in die Steinplatte gehauen. Obwohl sonst die aus dem Wasser ragende Platte mit Moos bewachsen ist, bleibt die Stelle, wo die drei Kreuze sind, immer sichtbar. Mit scheuem Blick und ein Kreuz schlagend, gehen heute noch die Leute vorbei an der „Samaplattn". Die mit Wein bepackten Pferde der „Sama" irrten herrenlos im Seidlwinkeltal herum, ohne daß sich jemand getraute, sie einzufangen. Da begab es sich, daß ein Jäger in den Wänden des „Mitterbergs" sich verstieg. Er irrte im Nebel von Kluft zu Kluft, und immer wieder kam er auf den gleichen Platz zurück. Der Nebel wurde immer dichter, und schon vermeinte der Jäger an der Stelle verbleiben zu müssen. Da auf einmal stand, wie aus dem Felsen gezaubert, auf schwindelndem Steig ein Pferd, bepackt nach Art der „Sama". Das Pferd ging vorsichtig im Paßschritt den Steig entlang, und der Jäger folgte ihm. Die Erscheinung, eine solche war es wohl, führte den Jäger auf eine steinige Mulde. Dort fing das Pferd zu zittern an, fiel zu Boden, und im Stürzen zersprang das auf dem Rücken des Pferdes befestigte Weinfaß und sein Inhalt ergoß sich in vielen Bächlein über die Halde. Während sich der Jäger am Weine labte, sproß allerorts saftiges Gras aus dem steinigen Boden und die Mulde verwandelte sich in eine üppige, grüne Alm, die von da an den Namen „Edwein" erhielt und heute noch so heißt. Der Körper des Pferdes zerfloß in nichts.

Im Ritterkar, einstmals eine saftige Alm, ragen in heißen Sommern, wenn das Eis „zurückgeht", Teile eines Knappenhauses hervor, das vor Zeiten einmal innerhalb weniger Tage eingeschneit wurde. In der Knappenstube befanden sich gerade mehrere Knappen, die sich wunderten, daß es nicht Tag werden wolle und deshalb immer weiterschliefen. Als ihnen die Nacht endlich doch schon zu lange dauerte, wollte einer die Tür öffnen, um Ausschau zu halten. Er sah, daß der Schnee bereits über Tür und Fenster ragte. Nähere Umschau ergab, daß es auch aus dem Dache kein Entkommen mehr gab. Die Knappen, die des öfteren solche Schrecken zu überstehen hatten, hofften, daß das Schneien ja aufhören und der warme Wind, der „Kamawind", wieder Ordnung schaffen werde. Doch auch diese Hoffnung schien ins Wasser zu fallen. Die vorhandenen Lebensmittel wurden immer knapper, und an ein Entkommen war nicht zu denken. Anfangs wurden noch frohe Geschichten erzählt und Lieder gesungen, dann bemächtigte sich der Knappen Angst vor dem Verhungern. Als nun die Lebensmittel erschöpft waren, faßten einige den fürchterlichen Entschluß, einen aus ihrer Mitte zu töten, um sich dann von dessen Fleisch einige Zeit zu ernähren. Wem dies furchtbare Los treffen solle, müsse der Würfel entscheiden. Unter den Knappen befand sich auch der Bergschmied, ein kräftiger, gut beleibter, jedoch unbeliebter Bursche. Die Knappen beschlossen, das Los auf den Schmied fallen zu lassen, und das Spiel um Leben und Tod konnte beginnen. Der Schmied, der gerade trübsinnig in der angebauten Schmiede saß, hörte dennoch die schauerliche Abmachung seiner Kameraden, und um den sicheren Tod zu entgehen, versteckte er sich im Rauchfang. Da hörte er die Stimme seiner Verfolger. Er floh den Rauchfang empor, und unter Aufbietung aller noch vorhandenen Kräfte gelang es ihm, sich durch den Schnee bis zum Tag emporzuarbeiten, wo ein freundlicher Sonnenschein ihn begrüßte. Die Verfolger nahmen seine Spur auf und entkamen so ebenfalls dem sicheren Tod. Aus Dankbarkeit für die wunderbare Rettung stifteten Knappen die in der Pfarrkirche Rauris stehenden 9 m langen Knappen- oder Schneestangen, die die Höhe des damaligen Schneefalles veranschaulichen sollen. An hohen Festtagen werden heute noch brennende Kerzen auf die Stangen gesteckt. (In Wirklichkeit dürfte es sich hier um sogenannte Prangerstangen handeln, die seinerzeit bei Prozessionen mitgetragen wurden.)

Der Glaube an Frau Perchta ist vielfach heute noch lebendig. Der Bauer sah es gerne, wenn Perchten sein Haus besuchten, war es doch ein gutes Zeichen für das kommende Jahr, denn „wann die Percht kimmt, geit's a guats Jou ou (Jahr ab). Die Bauern waren daher bestrebt, sich nicht mit den Perchten zu vertun. Besonders bösartig konnte da die Hl.-Dreikönigspercht werden. Damit diese nun stets gewogen blieb, bekam sie in der Nacht vor Hl. Dreikönig ein leckeres Mahl, das aus Krapfen und Küacheln bestand. Die Hoisbäuerin stellte auch das übliche Perchtenmahl auf den Stubentisch. Der Knecht, der nur zu gerne sehen wollte, wie die Percht ihr Mahl holt, versteckte sich hinter dem Ofen. Punkt 12 Uhr mitternachts öffnete sich lautlos die Tür, ein blaßblauer Schein drang in die Stube und ein wundervolles Weib erschien auf der Schwelle, umgeben von einer Anzahl kleinerer, lieblicher Mädchen. An ihren blühweißen „Pfoadln" hingen Eisglöcklein, die einen süßen Ton von sich gaben. Die Frau trat ein, blickte ernst umher, und anstatt das bereitete Mahl zu holen, erhob sie gegen den Ofen drohend die Hand und verschwand samt den Mädchen. Tiefe Finsternis rings umher und finster blieb es für den Knecht, denn er war von dieser Stunde an blind bis an sein Lebensende.

In verschiedenen Gestalten erschien die Dreikönigspercht. In Rauris ist sie als Schnabelpercht bekannt. Sie hat eine Art Storchenschnabel, mit dem sie immer klapperte. Ihre Kleider sind zerlumpt, am Rücken trägt sie einen Korb, aus dem Kinderbeine ragen. Um die Mitte hat sie einen Strick gebunden, an dem eine große Schere hängt. Die Füße stecken in einem Paar großer „Strohpatschen". Diese Percht hat es besonders auf die faulen Kinder und Weiberleut scharf. Eine Dirn vom Heustadler hatte, als die Percht kam, noch nicht abgesponnen gehabt. Auf dem Spinnrocken hing noch ein Reister Flachs. Sie nahm das faule Weibsbild „beim Gnack", warf es auf den Rücken, schnitt ihr mit der Schere den Bauch auf und schoppte ihr den Flachsreister hinein. Sodann wickelte sie das Weibsbild mit Werg ein und verbrannte es. Am Dreikönigsmorgen war mitten auf dem Stubenboden nur ein Häufchen Asche zu sehen.

Rauriser Perchtenläufer, sogenannte Schiachperchten, die, als „Ganggerln" verkleidet, ihre Tänze und Sprünge im Advent vorführten, tanzten auf dem Platz vor dem

Palfnerbauern im Vorstanddorf. Der Obertoifl legte vor dem Tanz sein „Skapulier" weg. Während des Tanzes artete der Obertoifl ganz arg aus. Er vollführte solche Sprünge, wie noch niemand so hohe sah. Er sprang über der großen Brunnstube hin und her wie ein Besessener. Die anderen packte kalter Schreck, als sie sahen, daß der Rasende Bockklauen statt der Füße hatte. Sie besprengten ihn mit Weihwasser. Alles half nichts. Da kamen sie auf den Einfall, ihn mit Weihwasser aus der Feuerspritze zu bespritzen. Das half. Er fiel wie tot zu Boden und tat keine Rührer mehr. Er war tot. Als man ihm aber das Skapulier umhängte, kam er zu Leben.

In der Nähe von Landsteg wurde einmal ein Schiachperchtenläufer vom „Schlage gstreift" und starb. Er mußte an Ort und Stelle wie ein Tier verscharrt werden. So forderte es das Gesetz. Wenn ein Perchtenläufer starb, ohne sich vorher der Teufelsmaske zu entledigen, wurde ihm ein kirchliches Begräbnis verwehrt. Ein schweres Steinkreuz zeigt heute noch die Stelle.

Vom Teufel wurde überhaupt viel geredet. Er soll seine gewissen Plätze gehabt haben, wo er auf seine Opfer wartete. So im Burgstall, in der Kalsnerhöll, beim Lahntalstadt, beim Teuflgassl unterhalb Mühlwand usw. Gesehen wurde er in den verschiedenen Gestalten. Am liebsten trug er einen langen Ledermantel, unter dem die „Bockfüaß mit der Klä (Klauen)" vorschauten. Die Hörner verdeckte ein hoher Zillertalerhut, und in der rechten Hand hielt er einen krummen Bergstock. Von weitem wurde er durch seine „halben Juchschroa" erkannt. Gerne erschien er bei heiligen Zeiten in der Nähe der Häuser, in denen Unfriede herrschte. Ein Jäger hat einmal den Teufel schön zum Narren gehalten. Eben war der Jäger beschäftigt, sich mit Schwamm, Stein und Eisen ein Feuer zu schlagen. Der Zunder wollte nicht „fangen". Sich vor dem Winde zu schützen, ging er hinter eine Torsäule, doch es war umsonst. Da nahm er einen frischen Zunder und sagte: „Wonns hiatzt a nit fongt, nacha moug a kemma." Als er gerade schlagen wollte, sah er den Gerufenen schon auf der Torsäule sitzen und grinsen. Der Jäger jedoch tat keinen „Vawenka", schob Stein, Eisen und Zunda ein, schmunzelte ein wenig und ging, ohne seine Pfeife in Brand zu setzen, weiter. Der Teufel hatte das Nachsehen.

Es gab Menschen, die mit Hilfe des Teufels die größten Wundertaten vollbrachten. Diese hatten ihre Seele dem Teufel verschrieben. Zur gegebenen Zeit ist er dann gekommen und ist unter Donnerknall und Schwefelgestank mit seiner Beute zur Hölle gefahren. Der „Hennabua" zauberte ja auch mit des Teufels Hilfe.

Ein Kaufmannssohn, der es mit seinem liederlichen Lebenswandel auf keinen grünen Zweig brachte, kam auf der Wanderschaft nach Kolm, um dort Arbeit zu finden. Er kam als Erzlieferer unter. Die Knappen füllten das Erz in Säcke und banden diese auf Schweinshäute. Einundzwanzig Säcke wurden gewöhnlich hintereinander gebunden und zwei Männer, einer vorne und einer hinten, lenkten den „Sackzug" über Gletscher und Schneefelder zu den „Pochern" ins Tal. Der Kaufmannssohn lenkte seinen Sackzug stets allein. Beim Abfahren sagte er: „Hab Toifl, hab Toifl", und kamen weniger steile Hänge, schrie er: „Schoib Toifl, schoib Toifl." Eines Tages aber rief er zum letztenmal nach seinem Helfer. Der Sackzug ging seitaus und stürzte samt dem Lenker in ein wildes Tal. Das war des Kaufmannssohnes letzte Fahrt. Das Tal heißt heute noch Kaufmannstal.

Vergrabene Schätze gibt es in Rauris genug. Lebten doch hier die reichen Goldherren früherer Zeiten, die ganz sicher ihr Geld vergruben, bevor sie sich hinlegten und starben. Viele davon werden eines nicht getan haben, nämlich sie haben den Platz niemandem mitgeteilt und müßten so heute noch „umgehn" und beim Schatz Wache stehen, so lange, bis einer zufällig den Schatz findet. Dann erst ist die Seele erlöst.

Von einigen Schätzen jedoch weiß der Rauriser den Platz. Doch wagt es niemand, sie zu heben, weil sich daran Begebenheiten knüpfen, die ein Nachgraben nicht ratsam machen oder Bedingungen damit verknüpft sind, die niemand zu erfüllen wagt.

So wäre unter einem Hügel innerhalb der Einödkapelle der Schatz der Gewerken Zott in Form eines goldenen Pfluges vergraben. Die Bedingungen sind so, daß niemand wagt, den Schatz zu heben. Ein Bursche, der vor dem Heiraten steht, soll die Fichte, die auf dem Hügel steht, fällen, aus den Brettern der Fichte eine Wiege zimmern und in diese Wiege seine Erstgeburt legen, dann kann er den Schatz heben. Doch wohlgemerkt! Bleibt die Ehe kinderlos oder ist die Erstgeburt ein Mädchen, dann würde nicht nur der Schatz verschlossen bleiben, sondern der Mann würde zeitlebens vom Unglück verfolgt werden. (Beim Sturm im Jahre 1925 wurde die Fichte umgelegt, und so ist das Heben des vielbegehrten Schatzes überhaupt unmöglich geworden.)

Auch der Goldschatz der Ainater, des berühmtesten Gewerkengeschlechtes in der Rauris, wartet schon seit Jahrhunderten auf seine Aushebung. Dies wäre wohl in einer Christnacht mit Vollmond möglich, doch knüpft sich daran eine gruselige Begebenheit. Vor langer, langer Zeit wollten einmal zwei Männer den Schatz, der aus einem mit Gold gefüllten Kessel besteht, heben. Es handelt sich dabei nur um die Fortschaffung des Steines, der den Schatz deckt.

Der eine wollte mit Hilfe des Himmels zu Werke gehen, der andere rief den Teufel zu Hilfe. Kaum hatte dieser des Teufels Namen gerufen, es war Mitternacht, kam ein großer, schwarzer Hund auf die beiden zugelaufen, der an einem um den Hals geschlungenen schwarzen Bande einen schwarzen Schlüssel trug. Zugleich befahl eine Stimme, den Schlüssel dem Hunde abzunehmen und in den Spalt des Steines zu stecken. Den Frommen erfaßte Grauen, der Böse aber tat, wie ihm geheißen. Kaum war der Schlüssel vom Bande gelöst, war der Hund verschwunden. Doch Schwefelgeruch erfüllte die Luft. Der Böse steckte nun den Schlüssel in den Spalt, der Stein sprang entzwei, und vor den Augen der beiden Männer funkelte und gleißte der Schatz. Beide ergriffen gierig die Rempen des Kessels, um den Schatz zu heben. Schon hatten sie die goldene Last am Rande der Grube, da erklang von Rauris das Glöcklein zur hl. Wandlung der Christenmette. Der Brave gebot, die Last abzustellen und ließ los, um die Hände zum Gebet zu falten. Der Böse aber, geblendet vom Leuchten des Goldes, wollte nicht loslassen, und so wurde er von der Last in die Tiefe gerissen. Der Stein schloß sich und bedeckte seither nicht bloß den Schatz der Ainater, sondern auch die sterblichen Reste des Mannes, der seine Seele dem Teufel verschrieb. In jenen Christnächten, an denen Vollmond ist, wollen die Leute vom Fröstlberg auf der Einödhöhe in der Nähe der Kapelle ein Licht sehen, das von Mitternacht bis zum Ertönen der Wandlungsglocke herumirrt. Dort ist heute noch der Stein mit den Abdrücken zu sehen, die der Kessel beim Fallen schlug. Seither wagt niemand mehr, den Schatz zu heben.

Die Einödhöhe am Eingang in das Hüttenwinkeltal ist überhaupt eine Gegend, in der sich allerlei Gruseliges und Schauriges abgespielt hat. Bucheben und Umgebung waren Jahrhunderte hindurch von einer Schlangenplage heimgesucht, daß die Bewohner schon an Auswandern dachten. Da kam eines Tages nach Bucheben ein Handwerkgesell, und dieser erfuhr von diesem Elend, ließ sich Schauderdinge erzählen. Trotzdem erbot sich der Fremde gegen Verpflegung auf Lebzeiten, die Schlangen zu bändigen und zu vernichten. Wohl mußten die Buchebener das Versprechen geben, daß sie nie eine weiße Schlange gesehen haben, denn gegen solche wäre seine Macht nicht hinreichend. Und die Buchebener, obwohl sie wußten, daß gar viele, die gegen die Schlangen auszogen, nicht mehr heimkehrten, gaben dieses Versprechen. Der Fremde auf der Einödhöhe machte einen Reisighaufen und zündete ihn an. Er selbst stieg auf einen in der Nähe stehenden Fichtenbaum und spielte auf einer Schwegelpfeife die lieblichsten Weisen. Da kamen von unten und oben, von rechts und links die Schlangen, und alle mußten im Feuer ihr Leben lassen. Schon glaubte er, die letzte Schlange wäre vernichtet, als er von ferne ein Zischen und Pfauchen vernahm, das er wohl kannte. An ein Fliehen war nicht zu denken. Mit Windeseile wälzte sich ein weißes Schlangenungeheuer heran, und ehe sich's der Spielmann versah, schlug es ihn vom Baum hinein in die Glut, wo er mit der Schlange eines elendigen Todes sterben mußte. Von da an war Bucheben von der Schlangenplage befreit.

Vor Schlangen hatten die Rauriser durchweg Angst und Furcht. Ist es doch eine nicht zu bestreitende Tatsache, was der Ahnl erzählt: „I han amal in insan Bergmahd im Seidlwinkl gmahd. Auf oanmal han i an Höckwurm gsehn, dea hat an Kopf ghabt, schiaga so groß wia a Harmö (kleines Hermelin). I schlag mit da Sansn zua, und richtög hau i eahm an Kopf weg. Da sand auf oamal zwoa solchö Höckwürm dou. Ös is ma nix überbliebn, as wia denen a an Kopf ouzuschlagen. Aba dou han i gschaut. Sand nit hietz nacha vier solchö Luadan dougstandn und hamb mi anpfiffn. Und wei i öfta scho ghesch han, daß, wia mehr daß d'daschlougst, allweil no mehr wean, bin i durch in oan Saus, und hinta meina houts glei a so gwimmelt va lauta Schlanga. Und hätt i nit a Gweichts (Geweihtes) ba mia ghabt, wuschts ma dagebn habm, daß eah ausdakemma wa."

Es gibt in Rauris Hochmähder, die aus diesem Grunde nie gemäht werden.

Josef Lukesch †

Ein rascher Tod hat am 3. Jänner 1956 Herrn Dr. Josef Lukesch, stellvertretenden Vorsitzenden des Sonnblick-Vereins, mitten aus seinem rastlosen Schaffen gerissen. Dr. Lukesch war langjähriges Mitglied des Sonnblick-Vereins und wurde kurz nach seiner Ernennung zum Vizedirektor der Zentralanstalt für Meteorologie und Geodynamik (1948) Vorstandsmitglied des Sonnblick-Vereins. In dieser doppelten Eigenschaft verwandte er einen Großteil seiner Schaffenskraft, um die Schwierigkeiten und dauernden Sorgen, die die Erhaltung und der Betrieb des Sonnblickobservatoriums verursacht, zu meistern. Es bedurfte aber seiner ganzen Energie und Geschicklichkeit, die Mittel zur Errichtung der Materialseilbahn auf den Sonnblick durch Erschließung neuer Geldquellen aufzutreiben. Wenn einmal die Aufzeichnungen über die Geschichte des Seilbahnbaues, die er selbst im letzten Jahresbericht des Sonnblick-Vereins zu schreiben begonnen hat, abgeschlossen werden, darf man dieser immensen Arbeitsleistung, die bisher der Öffentlichkeit kaum bekannt geworden ist, die entsprechende Würdigung nicht versagen.

Der Sonnblick-Verein behält den Toten stets in dankbarem und ehrendem Angedenken.

O. Eckel.

Bericht über die Tätigkeit des Sonnblick-Vereins in den Jahren 1954—1956

Im Beobachtungsdienst des Sonnblickobservatoriums trat im Sommer 1954 ein Personalwechsel ein. Herr Hermann Rubisoier, der bereits acht Jahre ununterbrochen pflichtbewußt und zuverlässig auf dem Sonnblick Beobachterdienst geleistet hatte, und seine Frau Vefi wurden über eigenen Wunsch an die Wetterdienststelle Salzburg versetzt. Als neue Beobachter wurden im Juli 1954 Herr Josef Bernhard aus Döllach, Kärnten, und Herr Johann Edthofer aus Mattighofen, O.-Ö., angestellt. Beide mußten sich im Winter 1955/56 längere Zeit wegen Fußleidens in Spitalspflege begeben und schieden im Herbst 1956 aus dem Dienst. Derzeit sind die Herren Johann Schiffner aus Wien und Helmut Nagl aus Bischofshofen als Wetterwarte tätig.

Finanzielle Unterstützung gewährte der Sonnblick-Verein im Jahre 1954 den Herren Dr. Hanns Tollner für Gletscheruntersuchungen im Sonnblickgebiet und Dr. Norbert Untersteiner zur Fortsetzung seiner Untersuchungen im Pasterzengebiet. Im Jahre 1955 konnte der Sonnblick-Verein zwei Expeditionsfahrten durch leihweise Überlassung von meteorologischen Instrumenten unterstützen. Dr. N. Untersteiner nahm als Wissenschaftler an der Frankfurter Himalaja-Expedition 1955 teil, während Dr. H. Tollner die wissenschaftliche Leitung der Spitzbergenfahrt des Edelweißklubs übernahm. 1956 waren die Sonnblickgletscher und die Pasterze neuerdings Gegenstand strahlungsklimatischer Arbeiten, die Herr Dr. Franz Sauberer und Frl. Dr. Ingeborg Dirmhirn vornahmen. Außerdem führte Herr Dr. H. Tollner mit Unterstützung des Sonnblick-Vereins Gletschervermessungen im Sonnblickgebiet durch.

Das Instrumentarium des Sonnblickobservatoriums hat einige wertvolle Zugänge zu verzeichnen. Durch die Zentralanstalt für Meteorologie wurde ein Fernthermograph aufgestellt, der auch bei stärkstem Schneetreiben eine lückenlose Registrierung der Lufttemperatur ermöglicht. Ferner erhielt der Sonnblick-Verein als Geschenk der Education Section der amerikanischen Botschaft einen Mikrobarographen Bendix-Friz und drei Weston-Galvanometer. Eine von Herrn Karl Stuchl in Linz ins Leben gerufene „Aktion zur Förderung der Strahlungsforschung auf dem Sonnblick" ergab einen Betrag von rund S 21.000.—, wofür folgende Meßgeräte angeschafft wurden: 1 Fallbügel-Sechsfarbenschreiber, 2 Sternpyranometer, 2 Photozellen, 1 Satz Glasfilter, 1 Opalfilter, 1 Doppellichtzeiger-Galvanometer, 1 synthetischer Kristall KRS 5.

Herr K. Stuchl aus Linz hat Ende 1954 den Versuch unternommen, durch Herausgabe und Vertrieb einer Zeitung in Kleinstformat Geldmittel für das Sonnblickobservatorium und den Seilbahnbau zu beschaffen. Die Zeitung führt den Namen „Sonnblick-Nachrichten" und enthält leicht verständliche Aufsätze über die Geschichte und die Bedeutung des Observatoriums, über Zweck und Wichtigkeit von meteorologischen Beobachtungen im Hochgebirge u. a. m. Der Vertrieb der Zeitung ist noch im Gange, über den Gesamterlös der Aktion kann daher noch nicht berichtet werden.

Die Telephonverbindung Kolm—Sonnblick, die ständig Lawinen und Steinschlägen ausgesetzt ist, versagt trotz alljährlicher Reparatur häufig, was insbesondere dem Bau der Seilbahn hinderlich war. Auch die posteigene Kurzwellenverbindung vom Sonnblickgipfel bis zur Wetterdienststelle Salzburg ist sehr störungsanfällig und entsprach keineswegs den Anforderungen. Die Meldungen des Observatoriums mußten daher wiederholt über Relaisstationen (Kolm, Feuerkogel) geleitet werden. Um diesen unbefriedigenden Zustand zu verbessern, werden gegenwärtig von interessierten Firmen Versuche mit UKW-Sende- und Empfangsgeräten vorgenommen. Auch ist daran gedacht, die Seile der Materialseilbahn als Telephonleitungen benutzbar zu machen.

Der Bau der Materialseilbahn auf den Sonnblickgipfel konnte im Berichtsabschnitt nahezu fertiggestellt werden. Die Fortführung der Arbeiten ist in erster Linie der finanziellen Unterstützung durch die Bundesregierung zu danken, die auf Antrag der Österreichischen Akademie der Wissenschaften erfolgte. Aber auch von privater Seite und von Unternehmungen wurde wertvolle Hilfe geleistet, so vor allem von den Tauernkraftwerken, von der Arbeitsgemeinschaft Kraftwerk Kaprun (Firmen A. Rella & Co., Polensky & Zöllner, Hinteregger & Fischer, Union Baugesellschaft), von den Simmering-Graz-Pauker-Werken, von den Vereinigten Aluminium-Werken Ranshofen, von den Österreichischen Metallwerken A. G., vom Verein der Österreichischen Zementfabriken usw.

Trotz widrigster Witterungsverhältnisse wurden im Sommer 1955 die Hauptfundamente der Seilbahn auf dem Gipfel fertiggestellt. Der Dieselmotor, der bisher zum Antrieb der provisorischen Anlage diente, wurde im Herbst des gleichen Jahres auf die neuen Fundamente versetzt. Dadurch wurde es möglich, zum endgültigen Umlaufbetrieb überzugehen. Bei der Einfahrt am Gipfel mußten nicht weniger als 56 m³ Fels ausgesprengt werden. Ein Wellenbruch des Antriebs der eben im Herbst 1955 fertiggestellten Anlage legte den Betrieb der Seilbahn in den Wintermonaten still, auch stellte sich heraus, daß auf dem sogenannten Sonnblickköpfel die Errichtung einer Fangstütze notwendig wurde, da dort das Zugseil auf dem Fels auflag. Diese Arbeiten sowie der Bau der Bergstation konnten in den Sommer- und Herbstmonaten des Jahres 1956 erfolgreich beendet werden.

Es war unmöglich, die Bauarbeiten bei der Exponierung der Seilbahntrasse planmäßig vorzunehmen, sie erfuhren insbesondere in den Sommermonaten 1955 unliebsame längere Unterbrechungen infolge von Schlechtwetter, Sturm und Schneefall, so daß die Ausnutzung der vorhandenen Arbeitskräfte leider nicht im gewünschten Maß erfolgen konnte. Wenn es gelang, im Sommer 1956 den größten Teil der restlichen Arbeit zu beendigen, so war dies außer der verhältnismäßig günstigen Witterung auch der straffen Lenkung und Kontrolle der Bauarbeiten und Materialtransporte durch Funktionäre des Sonnblick-Vereins zu danken.

Bedauerlicherweise war es nicht möglich, sämtliche aufgelaufene Baukosten zu bezahlen, so daß neuerliche Anstrengungen zur Beschaffung der restlichen Mittel (S 150.000.—) gemacht werden müssen. Eine bereits vor Jahren zugesagte Subvention des Alpenvereins, dem die Materialseilbahn bereits wertvolle Dienste geleistet hat, wurde bisher noch nicht flüssig gemacht, da dies von der endgültigen Übergabe des Zittelhauses an die Sektion Halle des Deutschen Alpenvereins abhängig gemacht wird.

Der Sonnblick-Verein ist bestrebt, für das Meßprogramm des Internationalen Geophysikalischen Jahres auf dem Gipfel des Hohen Sonnblicks eine für die Aufstellung von Strahlungsmeßgeräten geeignete Plattform zu errichten. Von den VÖEST-Werken, Linz, wurde ein Kostenvoranschlag zur Errichtung eines Stahlturmes an der Südseite des Zittelhauses eingeholt und die Bauerlaubnis von seiten des Alpenvereins erwirkt. Zur Berücksichtigung der besonderen baustatistischen Forderungen, deren kostenlose Ausarbeitung Herr Senatsrat i. R. Dipl.-Ing. Spindler, Salzburg, dankenswerterweise übernommen hatte, mußte die Konstruktion so verstärkt werden, daß der ursprüngliche Kostenvoranschlag weit überschritten worden ist, so daß die Errichtung des Turms in Frage gestellt war. Über Vermittlung der Österreichischen Akademie der Wissenschaften hat jedoch die Generaldirektion der VÖEST in großzügiger Weise die ursprünglichen Kostenansätze beibehalten und darüber hinaus sogar die kostenfreie Montage des Turms zugesichert.

Um den Turm, der bereits im Sommer 1957 seiner Bestimmung dienen muß, noch rechtzeitig fertigzustellen, wurden noch Ende Oktober 1956 unter ungemein schwierigen Wetter- und Arbeitsbedingungen die notwendigen Betonfundamente errichtet.

Vereinsnachrichten

Im Berichtszeitraum 1953 bis 1956 fanden drei Hauptversammlungen statt, und zwar am 19. Mai 1954, am 17. Mai 1955 und am 23. Mai 1956. Die Vereinsmitglieder wurden über die Verhandlungen jeweils durch Auszüge aus dem Versammlungsprotokoll unterrichtet.

Das Vereinskuratorium wurde gegenüber seiner bisherigen Zusammensetzung (1952) nach Ausscheiden von Herrn K. Bendl durch die Wahl des Herrn Dr. N. Untersteiner ergänzt. Der Vereinsvorstand erlitt durch den am 3. Jänner 1956 erfolgten Tod seines 2. stellvertretenden Vorsitzenden, Herrn Dr. Josef Lukesch, einen schweren Verlust. Die Würdigung seiner Verdienste um den Sonnblick-Verein erfolgt an gesonderter Stelle.

Der Sonnblick-Verein trauert außerdem um das seinerzeitige Kuratoriumsmitglied Herrn Dr. Josef Franz John, der am 10. Juli 1956 durch Absturz mit einem Segelflugzeug bei Reutte i. T. tödlich verunglückte. Dr. John war in den Jahren 1939/40 Sonnblickbeobachter und daher mit den Bedürfnissen und Nöten des Sonnblickobservatoriums bestens vertraut. Er hat sich in zahlreichen volksbildnerischen Vorträgen mit der Arbeit und dem Leben des Wetterwarts auf dem Sonnblick beschäftigt und so das Interesse und Verständnis für das Observatorium in der breiten Öffentlichkeit gefördert.

Am 5. September 1954 wurde auf dem Sonnblickgipfel eine Gedenktafel für den im Sommer 1953 im Sonnblickgebiet verunglückten Angehörigen der Zentralanstalt, Herrn Viktor Kuzel, enthüllt. Die Tafel wurde in die Obhut des Alpenvereins genommen.

Anläßlich der Jahresversammlung 1955 wurden die beiden Vereinsmitglieder Frau Klara Gailer, Heiligkreuz bei Hall in Tirol, und Herr Ökonom Georg Ammerer, Taxenbach in Salzburg, für ihre Verdienste um den Sonnblick-Verein zu stiftenden Mitgliedern ernannt. Frau K. Gailer hat sich durch ihre besondere Gebefreudigkeit ausgezeichnet. Herr G. Ammerer hat den Seilbahnbau durch kostenlose Überlassung eines Grundstückes für die Seilbahn-Talstation wesentlich gefördert und hat sein Wohlwollen neuerdings bewiesen, daß er ein weiteres Grundstück neben der Talstation abtrat, um die Errichtung eines kleinen Vorratsschuppens neben dem Seilbahngebäude zu ermöglichen.

Der Sonnblick-Verein wurde über Ansuchen mit Juli 1953 in den Notring wissenschaftlicher Verbände Österreichs aufgenommen.

Die jährliche Geldgebarung des Berichtszeitraumes wird mit folgenden Endzahlen ausgewiesen (Einzelheiten können den Sitzungsprotokollen der Hauptversammlungen entnommen werden):

	Übertrag und Einnahmen S	Ausgaben S
1. Jänner bis 31. Dez. 1953	54.701.72	9.963.69
1. Jänner bis 31. Dez. 1954	75.864.53	20.310.88
1. Jänner bis 31. Dez. 1955	106.262.53	29.471.66
Vortrag für 1956	76.790.87	

Ergebnisse der meteorologischen Beobachtungen auf dem Sonnblickgipfel (3106,5 m) in den Jahren 1953 und 1954

	Luftdruck, mm[1]			Temperatur				Niederschlagsmenge (mm[2])	Zahl der Tage mit					Tage			Sonnenscheindauer in Stunden	Windstärke, m/sec
				Mittel	Absolutes		Bewölkung, Zehntel		Niederschlag ≥ 0,1 mm	Schneefall	Nebel	Sturm	Heitere	Trübe	Frost	Eis		
1953	Mittel	Max.	Min.		Max.	Min.													
Jänner	515,0	524,2	504,3	−14,2	−3,8	−22,3	7,2	94	19	19	20	20	4	14	31	31	113	7,5
Februar	14,8	29,6	00,2	−14,1	−1,5	−30,3	7,1	91	15	15	16	17	3	15	28	28	139	8,1
März	23,7	30,6	14,9	−10,8	−0,7	−21,7	5,1	72	12	12	13	15	7	10	31	31	240	7,1
April	19,3	23,9	12,0	−7,0	−2,8	−13,6	7,6	177	18	18	23	7	2	19	30	30	153	5,1
Mai	22,3	31,4	09,4	−3,8	7,5	−17,0	8,4	170	19	18	24	6	0	20	28	19	224	5,3
Juni	22,3	28,3	09,4	−0,8	5,6	−12,6	9,3	174	23	19	27	9	0	22	27	7	87	5,0
Juli	26,8	31,6	19,3	2,5	10,9	−8,0	7,9	146[3]	20	12	27	6	1	19	12	3	156	4,8
August	27,6	33,4	20,1	1,1	8,4	−8,0	6,5	94[3]	15	11	21	9	6	13	17	4	207	4,8
September	26,1	33,4	18,7	0,5	9,8	−10,0	7,2	57[3]	12	8	24	16	3	17	21	5	155	6,6
Oktober	24,6	32,7	18,5	−2,7	3,6	−12,8	7,6	131[3]	17	17	25	17	3	21	30	18	120	7,9
November	25,5	29,9	13,5	−4,7	1,5	−11,3	5,0	30	6	6	7	10	7	7	30	25	203	6,0
Dezember	22,2	30,9	9,8	−8,7	1,4	−24,2	7,2	73	12	12	16	10	2	15	31	30	137	6,2
Jahr	522,5	533,4	500,2	−5,2	10,9	−30,3	7,2	1309	188	167	243	142	38	192	316	231	1934	6,2
1954																		
Jänner	512,4	523,0	503,3	−16,9	−4,8	−30,0	7,6	234	21	21	22	19	3	20	31	31	93	7,8
Februar	12,3	17,9	05,0	−13,8	−6,6	−21,6	7,2	24	13	13	20	12	2	13	28	28	73	7,0
März	15,6	21,8	01,6	−10,2	−1,5	−18,0	8,0	84	16	16	26	8	3	20	31	31	142	5,4
April	18,2	23,7	11,7	−9,1	−1,3	−17,2	8,5	194	22	22	26	12	1	20	30	30	118	5,1
Mai	20,3	29,0	11,0	−4,4	0,9	−11,7	9,4	214	20	20	29	10	0	28	31	29	96	5,6
Juni	25,0	29,4	17,7	0,7	8,8	−7,4	9,0	162	21	14	29	9	0	22	18	5	112	5,8
Juli	23,4	31,2	17,5	−0,9	9,0	−8,8	9,1	219	22	22	29	14	1	24	25	10	98	6,3
August	24,4	32,8	18,0	0,2	8,0	−6,1	8,2	98[3]	20	14	28	13	0	17	21	10	123	6,7
September	25,8	32,8	17,8	0,2	9,6	−16,0	7,6	124[3]	21	16	26	7	3	14	18	7	154	5,9
Oktober	23,6	29,8	16,2	−3,6	3,7	−13,1	5,9	135	13	13	18	15	8	13	31	19	169	6,8
November	19,4	25,1	15,1	−8,2	1,9	−22,6	5,6	97	16	16	19	15	6	9	30	26	125	7,4
Dezember	17,2	32,2	499,9	−10,7	−1,0	−21,9	7,5	208	21	21	23	21	2	18	31	31	81	8,4
Jahr	519,8	532,8	499,9	−6,4	9,6	−30,0	7,8	1793	226	208	295	155	29	218	325	257	1384	6,5

[1] Ohne B_c ($B_c = -0{,}56$ mm bis 13. IX. 1954, nachher $-0{,}61$ mm) und $G_c = -0{,}21$ mm. [2] Mittel aus Nord- und Südombrometer. [3] Nur Nordombrometer.

Ergebnisse der meteorologischen Beobachtungen auf dem Sonnblickgipfel (3106,5 m) in den Jahren 1955 und 1956

	Luftdruck, mm[1]			Temperatur			Bewölkung, Zehntel	Niederschlagsmenge mm[2]	Zahl der Tage mit					Tage			Sonnenscheindauer in Stunden	Windstärke, m/sec
				Mittel	Absolutes Max.	Min.			Niederschlag ≧ 0,1 mm	Schneefall	Nebel	Sturm	Heitere	Trübe	Frost	Eis		
1955	Mittel	Max.	Min.															
Jänner	515,3	523,1	502,3	−9,9	−2,1	−24,4	5,7	45	12	12	14	18	6	9	31	31	161	6,9
Februar	09,0	15,8	499,5	−14,7	−6,6	−24,8	8,3	159	23	23	26	12	0	17	28	28	64	7,4
März	14,8	25,7	503,6	−12,5	1,7	−24,0	6,3	38	13	13	19	14	4	11	31	30	177	6,4
April	19,9	27,5	13,4	−9,8	3,8	−18,8	6,3	242	21	21	24	14	4	14	30	27	195	7,4
Mai	22,0	28,9	15,7	−5,1	3,6	−14,8	6,7	169	21	21	23	7	2	12	31	22	217	6,1
Juni	24,3	29,5	15,7	−1,3	5,9	−9,8	8,3	165	25	24	26	10	0	18	27	12	145	6,2
Juli	25,4	32,1	19,9	1,2	10,4	−6,4	8,1	211	27	22	24	7	1	19	18	5	141	5,2
August	25,9	32,0	17,7	−0,3	5,1	−7,9	8,1	89	23	22	30	3	1	16	28	8	123	4,8
September	25,0	30,1	11,1	−1,5	5,8	−11,3	6,2	112[3]	15	15	25	3	4	11	26	8	165	4,9
Oktober	20,7	27,5	13,2	−5,4	4,5	−17,8	6,3	110[3]	18	18	21	8	8	14	31	26	144	6,6
November	19,9	27,0	08,4	−8,6	1,8	−24,7	5,4	120	15	15	16	13	4	5	30	24	145	6,8
Dezember	16,8	27,3	06,2	−9,5	−0,7	−20,3	6,5	135	20	20	21	13	3	11	31	31	98	6,9
Jahr	519,9	532,1	499,5	−6,4	10,4	−24,8	6,9	1596	233	226	259	122	37	157	342	252	1775	6,3
1956																		
Jänner	515,6	525,8	504,7	−12,1	−5,0	−23,3	5,5	87	18	18	19	26	8	8	31	31	142	7,8
Februar	08,6	22,1	496,1	−21,0	−8,9	−32,7	5,7	28	11	11	18	28	6	9	29	29	135	8,8
März	16,1	24,6	509,1	−13,1	−4,2	−28,8	7,3	105	19	19	25	24	3	16	31	31	96	8,6
April	16,9	21,5	04,4	−9,5	−2,3	−24,9	8,9	256	22	22	27	11	0	22	30	30	87	6,3
Mai	24,3	30,7	15,1	−4,8	5,8	−15,9	7,7	160	15	15	27	12	2	17	28	26	150	5,0
Juni	23,5	28,3	17,1	−2,6	4,2	−10,3	8,3	204	25	23	30	8	0	17	29	18	113	6,1
Juli	26,0	31,9	20,2	1,6	8,1	−4,1	7,1	120	22	16	27	14	3	13	18	2	188	6,1
August	24,7	32,6	16,0	1,8	10,7	−6,4	7,4	178	24	16	29	19	2	16	18	1	157	6,6
September	27,2	32,0	20,9	1,4	9,1	−9,6	5,4	66[3]	11	7	20	18	7	9	16	2	207	7,2
Oktober	23,3	32,8	10,6	−4,8	4,8	−17,0	6,0	183[3]	16	15	18	8	7	13	26	16	185	4,8
November	17,9	25,0	6,9	−10,4	−1,0	−21,0	7,4	84[3]	17	13	21	12	1	17	30	30	84	6,4
Dezember	20,4	29,2	10,0	−10,9	−0,5	−26,0	6,4	48[3]	9	9	10	9	1	11	31	31	146	6,1
Jahr	520,4	532,8	496,1	−7,1	10,7	−32,7	6,9	1519	209	184	271	189	40	168	317	247	1690	6,7

[1]) ohne $B_c = −0,61$ mm und $G_c = −0,21$.   [2]) Mittel aus Nord- und Südombrometer.   [3]) Nur Nordombrometer.

Für die Fertigstellung dieses Jahresberichtes haben folgende Firmen in dankenswerter Weise Druckkostenbeiträge geleistet: Austria Email-Werke; Autokreditstelle GmbH; AVA-Auto- und Warenkredit-Verkehrsanstalt GmbH; Brunner Verzinkerei Brüder Bablik; Brüder Steiner; Caro-Werk GmbH; Donau Chemie AG; Deutsche Gold- und Silber-Scheideanstalt; „Dumag" Handelsgesellschaft; „ELIN" AG; Erzhütte AG; Eternitwerke Ludw. Hatschek; Europäische Reise- u. Gepäcksversicherung; Franz Gabler; Gebauer & Lehrner; Gegenseitiger Versicherungsverein; Gibian & Joham, Komm. Ges.; Hanf- und Jute AG; F. M. Hämmerle; Maschinenfabrik HEID; Hutter & Schrantz; Ideal Standard AG; Internationale Getreide- und Waren-Handels AG; Langbein-Pfanhauser Werke; Natron-Papier-Industrie AG; Neusiedler Papier AG; ODOL-Werke; Plank & Dittrich; Polkarbon; Persicaner & Co; Schaffler & Co; Schwarzinger & Co; SHELL Austria; „Sparma", Maschinen- u. Apparatebau; „Steaua Romana"; Verband der Zuckerindustrie; Vereinigte Wiener Metallwerke AG.

SPRINGER-VERLAG IN WIEN

49.—50. Jahresbericht des Sonnblick-Vereines für die Jahre 1951—1952

Geleitet von

Prof. Dr. **Ferdinand Steinhauser**, Wien

Mit einer ganzseitigen Bildtafel und 21 Abbildungen im Text. 68 Seiten. 4°. 1954

Steif geheftet S 48.—, DM 8.—, sfr. 8.20, $ 1.90

Inhalt: Zur Geschichte der Seilbahn auf den Hohen Sonnblick. Von **J. Lukesch**. — Von der schweizerischen Schnee- und Lawinenforschung. Von **M. de Quervain**. — Niederschlagsverhältnisse im Gebiet des Rauriser Sonnblicks. Von **H. Tollner**. — Neue Niederschlagszahlen aus den zentralen Ötztaler Alpen. Von **H. Hoinkes**. — Schneeverhältnisse im Gebiet des Rauriser Sonnblicks. Von **H. Tollner**. — Lawinen im Sonnblickgebiet. Von **W. Friedrich**. — Zur Problematik der Gletscherschwankungen. Von **F. Sauberer**. — Zum Problem der Gletscherbewegung. Von **N. Untersteiner**. — Die Eisstände einiger Sonnblick- und Glocknergletscher im Spätsommer 1952 und 1953. Von **H. Tollner**. — Zum Strahlungsklima des Zirbitzkogels. Von **Inge Dirmhirn**. — Klimatabelle für den Sonnblick 1901—1950. Von **F. Steinhauser**. — Viktor Kuzel — ein tragisches Opfer des Sonnblicks. Nachruf und Bericht von **L. Binder**. — Bericht über die Tätigkeit des Sonnblick-Vereines in den Jahren 1951—1953. — Vereinsnachrichten. — Veröffentlichungen seit 1938. — Satzungen des Sonnblick-Vereines. — Ergebnisse der meteorologischen Beobachtungen auf dem Sonnblickgipfel in den Jahren 1951 und 1952.

48. Jahresbericht des Sonnblick-Vereines für das Jahr 1950

Geleitet von

Prof. Dr. **Ferdinand Steinhauser**, Wien

Mit einer ganzseitigen Bildtafel und 8 Abbildungen im Text. 38 Seiten. 4°. 1952

Steif geheftet S 20.—, DM 4.—, sfr. 4.10, $ —.95

Die Zentralanstalt für Meteorologie und Geodynamik in Wien 1851—1951

Von

Prof. Dr. **Heinrich Ficker**, Wien

Mit 3 Tafeln. 32 Seiten. 4°. 1951

(Denkschriften der Österreichischen Akademie der Wissenschaften. Mathematisch-naturwissenschaftlichen Klasse. 109. Band, 1. Abhandlung)

S 11.50, Richtpreise DM 1.90, sfr. 1.90, $ —.45

Zu beziehen durch Ihre Buchhandlung

Wieder ein Beweis
für die Qualität der
SEMPERIT-*Erzeugnisse*

An die
Semperit A.G.,
W i e n   I.,
Helferstorferstrasse 9-15

Sehr geehrte Herren!
Die Mannschaft der Österreichischen Himalaya-Karakorum-Expedition 1956 ist wohlbehalten und mit grossen Erfolgen wieder in die Heimat zurückgekehrt. Als Leiter des Unternehmens möchte ich Ihnen noch einmal herzlichst für Ihre grosszügige Unterstützung danken.
Wenn ich über Brauchbarkeit und Qualität der von uns verwendeten Semperit-Erzeugnisse ein Urteil abgeben soll, so möchte ich nur kurz sagen:

Stärkenden Schlaf schenkten uns die SEMPERIT-Luftmatratzen,
Sicherheit gewährten uns die SEMPERIT-Bergsohlen!

Ing. Fritz Moravec
Exp.-Leiter

Österreichische
Himalaya-Gesellschaft (ÖHG)
Derzeitiger Sitz im Hause des ÖTK
Wien, I., Bäckerstraße 16/II

SPRINGER-VERLAG IN WIEN

Soeben erschien:

Geologisches Kräftespiel und Landformung

Grundsätzliche Erkenntnisse zur Frage junger Gebirgsbildung und Landformung

Von

Dr. Arthur Winkler-Hermaden

o. Professor für Geologie a. D. der Deutschen Hochschule Prag

Mit 120 Textabbildungen und 5 Tafeln. XX, 822 Seiten. Gr.-8°. 1957

S 534.—, DM 89.—, sfr. 91.10, $ 21.20

Ganzleinen S 558.—, DM 93.—, sfr. 95.20, $ 22.15

Der Verfasser hat sich zum Ziel gesetzt, wichtige Gesichtspunkte für den Ablauf der gebirgsbildenden Vorgänge in der jungen geologischen Entwicklungsgeschichte eines ausgedehnten Bereichs im alpinen Gebirgssystem festzulegen und zu begründen, diese in zum Teil neuartiger Beleuchtung in ihrer allgemeinen Bedeutung zu kennzeichnen, besonders aber auch das Zusammenwirken der Tektonik mit den formenbildenden Kräften an der Erdoberfläche klarzulegen. Für den zeitlichen Vergleich der geologischen und geomorphologischen Vorgänge erwiesen sich grundsätzliche Erörterungen über Parallelisierungen zwischen den mediterranen Bereichen, dem Alpensaum und Osteuropa erforderlich. Für den Ablauf der Tektonik und für die Entstehung des Formenschatzes werden die Grundzüge einer neuartigen Auffassung vom morphologischen Zyklus entworfen. Das Buch wird Geologen und physischen Geographen vielfache und wertvolle Anregungen gewähren.

Die Lagerstätten nutzbarer Mineralien

Ihre Entstehung, Bewertung und Erschließung

Von

Prof. Dr. Dr. Bartel Granigg, Graz

Mit Beiträgen von Dr.-Ing. J. Horvath, Berlin, und Dipl.-Ing. V. E. Gerzabek, Wien

Mit 156 Textabbildungen. VIII, 217 Seiten. Gr.-8°. 1951

S 110.—, DM 18.50, sfr. 19.—, $ 4.40; Ganzleinen S 125.—, DM 21.—, sfr. 21.50, $ 5.—

„Um es gleich vorwegzunehmen, das *Granigg*sche Buch ist ganz vorzüglich. Neben der leichtverständlichen Übersicht über die Entstehung der Lagerstätten ist das Kapitel über die Bewertung der Lagerstätten besonders wertvoll... Das Buch wird jedem Bergmann, gleichgültig, ob Direktor, Betriebsleiter, Steiger oder Hochschüler, Freude bereiten und von Nutzen sein." *Montan-Zeitung*

Zu beziehen durch Ihre Buchhandlung

INGLOMARK
INDUSTRIE - BELIEFERUNGS - GESELLSCHAFT
MARKOWITSCH & CO.
WIEN XV, MARIAHILFER STRASSE 133
Telephon: 54 31 22 / 54 31 23   Fernschr.: WIEN 1393

GENERALREPRÄSENTANZ der FIRMEN

R. FUESS, BERLIN
HARTMANN & BRAUN, FRANKFURT / M.
HILGER & WATTS, LONDON

Anzeigende und schreibende Geräte
Wissenschaftliche und meteorologische Instrumente

Temperatur
Feuchtigkeit
barometrischer Druck
Niederschlag
Verdunstung
Strahlung
Wind

SKF — Für jede Stelle das richtige Lager

SKF
KUGELLAGERGESELLSCHAFT M. B. H.
WIEN III, MOHSGASSE 1

GRAZ, KEPLERSTRASSE 43
LINZ A. D. DONAU, MAGAZINGASSE 7
SALZBURG, GSTÄTTENGASSE 7

man raucht heute *leichter*

La Favorite — MIT FILTER — EXTREM LEICHT

Smart

ÖSTERREICHISCHE TABAKREGIE

SWAROVSKI-OPTIK K. G.

ABSAM bei Solbad Hall, erzeugt:

Acral

    das unter Zugrundelegung der neuesten Forschungen berechnete und gefertigte punktuell abbildende Brillenglas

Sol-Acral

    das ideale Blendschutz- (Sonnen-) Glas mit 25%, 50% und 75% Absorption (Ausschaltung der dem Auge schädlichen ultravioletten und infraroten Strahlen)

Habicht

PRISMEN-FELDSTECHER

    mit reflexionsminderndem Doppelschichtenbelag Transmax (besondere Lichtdurchlässigkeit und damit Helligkeit und Schärfe des Fernrohrbildes)

6×30 und 8×30
für Sport und Reise!

7×42 und 10×40
für den anspruchsvollen Jäger!

NEUERSCHEINUNG!

Habicht -THEATERGLAS 3fach

Die Gläser sind in jedem einschlägigen Fachgeschäft erhältlich!

IMPORT • EXPORT • GROSSHANDEL

Getreide, Futtermittel, Samen, Sämereien, Hülsenfrüchte und Ölfrüchte, Mahlprodukte, Düngemittel

Prochaska & Cie.
Gesellschaft m. b. H.

LINZ   WIEN   GRAZ

WIEN I, GRABEN 14

53 32 91   Telex.: Proimport 1943/44

AM BESTEN, MAN HAT ES IM RUCKSACK, DANN HAT MAN ES IMMER BEI SICH!

Heller Kola-Mocca

macht munter!

DIE HOCHFESTE SCHRAUBE ALS VERBINDUNGSELEMENT

BREVILLIER-URBAN A.G.

GASOLIN
Treibstoffe
Hochleistungs-Schmiermittel
Tankstellen

MOTANOL
Autoöl

IN ALLER WELT — FÜR JEDEN FALL

MIKROFONE
AKUSTISCHE U. KINO-GERÄTE G. M. B. H.
WIEN XV, NOBILEGASSE 50

Alleinvertrieb für Österreich:

Siemens u. Halske G. m. b. H. Wiener Schwachstromwerke. Wien III

ROST frißt EISEN

bester Rostschutz

BLEIWEISS auf BLEIMINIUM

Wienerberger
Ziegelfabriks- und Baugesellschaft
Wien I, Karlsplatz 1

---

10 Werke in Wien, N.-Ö., O.-Ö. und in der Steiermark

Alles für den Bau
Ziegel- u. Tonwaren aller Art

**ERSTE
DONAU-DAMPFSCHIFFAHRTS-
GESELLSCHAFT**

DONAUREISEN IN ÖSTERREICH
mit den modernen Schiffen der D.D.S.G.

Mitte Mai bis Mitte September auf der Strecke
PASSAU–LINZ–WACHAU–WIEN–HAINBURG

(Donaubus: Krems–Ybbs, Linz–Wilhering–Ottensheim)

Sonderfahrten für Betriebe und Vereine zu günstigen Bedingungen

Auf allen Schiffen komfortable Kabinen und Restaurationsbetrieb

Spezialarrangements „3 Tage Urlaub auf der Donau"

„HEBE"-Abendfahrten mit Musik und Tanz

Nähere Auskünfte erteilt die Direktion der Ersten Donau-Dampfschiffahrts-Gesellschaft, Wien, III., Hintere Zollamtsstraße 1, Telephon 72 51 45

Eis und Schnee
Sonne und Regen
Wind und Wetter

allen Naturgewalten müssen die alpinen Bauten widerstehen

Deshalb für alle Holzteile nur die

XYLAMON-PRÄPARATE,

denn

XYLAMON HÄLT HOLZ GESUND!

Alle technischen Aufschlüsse und Bezugsquellennachweis bei den

EBENSEER SOLVAY-WERKEN

Wien I, Schenkenstraße 8   Telephon 63 66 26

Etwas Spezielles für Ihren Ski-Berg- oder Sportschuh!

Fettet und imprägniert bei bester Glanzgabe!

Naturell — Schwarz — Juchtenrot

Drehbänke

höchster Genauigkeit

für Mechaniker

Optiker

Werkzeugmacher

Blankschrauben, Blankmuttern, Norm- und Formdrehteile in genauester Ausführung nach Zeichnung, Muster oder Normangabe

W. A. Richters Söhne

Wien, V., Högelmüllergasse 5

Fernruf 34 66 51, 34 66 52, 34 66 79

Additional material from *51.-53. Jahresbericht des Sonnblick-Vereines für die Jahre 1953-1955*, ISBN 978-3-211-80442-1, is available at http://extras.springer.com

MIX
Papier aus verantwortungsvollen Quellen
Paper from responsible sources
FSC® C105338

If you have any concerns about our products,
you can contact us on
ProductSafety@springernature.com

In case Publisher is established outside the EU,
the EU authorized representative is:
**Springer Nature Customer Service Center GmbH
Europaplatz 3, 69115 Heidelberg, Germany**

Printed by Libri Plureos GmbH
in Hamburg, Germany